AF826436

Die Sicherstellung

durch

Übereignung einer Geldsumme

nach

deutschem bürgerlichem Recht

von

Dr. Fritz Haas.

STRASSBURG i. E.
KARL J. TRÜBNER
1899.

Inhalt.

§ 1.

Allgemeine Bedeutung der Sicherstellung durch Uebereignung von Geld. Abgrenzung von ähnlichen Rechtsverhältnissen.

Unter den mannigfachen Formen realer Sicherstellung, die der Kreditverkehr ausgebildet hat, ist eine der häufigsten die Sicherstellung durch Uebereignung von Geld. Der Ausdruck „Kaution", unter dem der Jurist alle Fälle der Sicherheitsleistung begreift, ist der Sprache des täglichen Lebens fast nur für diesen speziellen Fall geläufig, und man könnte hieraus mit einigem Scheine den Schluss ziehen, dass die Barkaution so recht den typischen, den spezifischen und wichtigsten Fall der Sicherheitsleistung darstelle. Wie dem auch sei: jedenfalls ist, wirtschaftlich wie juristisch betrachtet, bei der Barkaution der Grundgedanke und das Wesen des Realkredits in besonders intensiver Weise ausgeprägt, wie dies in den beiden Momenten, dem Gegenstand und der juristischen Form der Sicherheitsleistung, hervortritt. Ihren Gegenstand bildet das Geld, also das Vermögensobjekt, das bei jeder Sicherheitsleistung dem Gläubiger in letzter Linie verschafft werden soll; der umständliche Prozess, wodurch bei anderen Sicherungsverhältnissen (Bürgschaft, Hypothek, Faustpfand) das Geld flüssig gemacht werden muss, fällt hier also weg. Und die juristische Form der Barkaution ist die Eigentumsübertragung, die vollkommenste und durchgreifendste Art der Einfügung einer Sache in die Rechtssphäre einer Person.

Durch diese besonders verstärkte Realisierung des Sicherungszwecks wird für den Kautionsempfänger eine weit günstigere Lage geschaffen, als durch die sonstigen, der Sicherheitsleistung dienenden Rechtsgeschäfte, insbesondere die Mobiliarverpfändung und die Hypothekenbestellung. Bei diesen wird der Zweck der Realkaution, dem Gläubiger Geld zur Deckung seiner Forderungen zu verschaffen, nur auf Umwegen erreicht. Der Gläubiger erhält zunächst ein anderes Vermögensobjekt, eine Sache, eine Forderung, ein Recht. Er muss aus diesen Objekten den Geldwert herausschlagen: er muss die Sache verkaufen, die verpfändete Forderung eintreiben, oder gar beides zusammen, nämlich wenn das Leistungsobjekt der verpfändeten Forderung nicht in Geld besteht.

Diese Notwendigkeit, das Sicherungsobjekt erst wirtschaftlich zu verwerten, lässt die Deckung des Gläubigers insofern als nicht unzweifelhaft erscheinen, als er von vornherein im ungewissen ist, ob und bis zu welchem Betrage er das Sicherungsobjekt wirtschaftlich verwerten kann; denn dies hängt von einer Reihe von Voraussetzungen ab. Beim Faustpfand beendigt der Untergang der Sache das Pfandrecht und damit die Sicherheit des Gläubigers. Vor dem Verkauf hat der Pfandgläubiger keinen wirtschaftlichen Vorteil von der Sache, der ihm für die Gefahr des Untergangs ein Aequivalent böte, ausser wenn ihm die Sache nach B. G. B. 1213 als Nutzpfand übergeben worden ist.

Der Kautionsempfänger dagegen hat von vornherein nicht den blossen Besitz, sondern volles Herrschaftsrecht über das Sicherungsobjekt und kann, wenn er auch die Gefahr des Verlustes trägt, den empfangenen

Wert in seinem Vermögen arbeiten lassen. Während ferner der Faustpfand- oder Hypothekargläubiger von vornherein immer mehr oder weniger unsicher ist, wieviel er aus dem Pfandobjekt dereinst herauszuschlagen vermag, hat bei der Barkaution der Gläubiger sofort Gewissheit über das Verhältnis zwischen Forderung und Deckung (ausser wenn die Forderung unbestimmt ist; doch trifft dies ja auch für die anderen Fälle zu). Geld ist ein konstanter, ein immer gleich bleibender Wertmesser; der Wert des Sicherungsobjekts ist zahlenmässig bestimmt.

Die der Barkaution zukommende Eigentümlichkeit, dass bei ihr eine Geldsumme zur Sicherheitsleistung verwendet wird, hat zur Folge, dass sie nicht jeder Forderung zur Sicherheit zu dienen geeignet ist. In den Fällen, wo der Schuldner bezweckt, sich durch Sicherheitsbestellung Geld zu verschaffen, kann für ihn die Barkaution natürlich nicht in Betracht kommen. Wohl aber wird sich der Gläubiger gerade in solchen Fällen veranlasst sehen, Kaution in Geld zu verlangen, wo es ihm darum zu thun sein muss, für seine Forderung rasch und sicher befriedigt zu werden, oder wo seine Unsicherheit nicht in dem augenblicklichen Geldmangel des Schuldners ihren Grund hat, sondern darin, dass sich nicht von vornherein überblicken lässt, ob und in welchem Betrage der Kautionsbesteller ihm etwas schuldig werden wird. Insbesondere also bei Obligationsverhältnissen, die auf eine lange Dauer berechnet sind, und aus denen sich eine Reihe Einzelobligationen entwickeln können, findet die Barkaution zweckmässige Verwendung. Sie lassen sich als solche charakterisieren, bei denen dem Kautionsbesteller die Vertrauensstellung eines Verwalters von fremdem Gute eingeräumt wird; bei ihnen liegt die Gefahr nahe, dass der Verwalter, da er sich in ziemlich selbständiger Stellung befindet und den Gläubiger recht eigentlich in der Führung der Geschäfte vertritt, das ihm anvertraute Gut vernachlässigt, fahrlässig oder gar vorsätzlich vermindert, verschlechtert oder vernichtet. Der Gläubiger hat in solchen Fällen ein berechtigtes Interesse, festzustellen, ob der Schuldner, dem er einen solch wichtigen Posten anvertrauen soll, genug Vermögen besitzt, um die daraus hervorgehenden Verpflichtungen zu erfüllen; die Kautionssumme dient dem Schuldner als Ausweis seiner Kreditwürdigkeit; der Gläubiger aber begnügt sich aus begreiflichen Gründen nicht damit, dass der Schuldner das Geld jetzt hat und es ihm vorzeigt, sondern er sichert sich die Summe, d. h. er lässt sie sich vom Schuldner übereignen.

Solche Obligationsverhältnisse, in denen nach dem gesagten die Barkaution besonders häufig Verwendung findet, sind z. B. die Grundstückspacht [1]); ferner Dienst- und Beamtenverhältnisse, und zwar vorzugsweise solche, bei denen dem Bediensteten oder Beamten grosse Geldbestände anvertraut werden. An dem zuletzt genannten Beispiel lässt sich die praktische Bedeutung der Barkaution besonders deutlich erkennen. Der Dienstherr, der seinem Beamten, seinem Angestellten hohe Kassenbestände zur Verwaltung übergeben muss, kann sich nicht daran genügen lassen, dass sein Kassierer oder Verwalter Vermögensobjekte genug besitzt, in die er künftig einmal eine Zwangsvollstreckung wird einleiten können, oder an denen er sich ein sicheres Pfandrecht

---

[1]) Vgl. Gesterding, Ausbeute von Nachforschungen über verschiedene Rechtsmaterien, IV, S. 14 ff., wo berichtet wird, dass die Pachtkaution gewöhnlich als „Vorstand" bezeichnet werde. Siehe auch F. v. Bülows und Th. Hagemanns Erörterungen, Bd. III, S. 314.

bestellen lassen kann; ihm kommt es nicht nur darauf an, überhaupt für seine Forderungen befriedigt zu werden, sondern vor allem darauf, möglichst rasch Deckung zu finden, mit möglichst geringem Zeitverlust das in der Kasse entstandene Manko auszugleichen. Sein Geschäftsbetrieb verlangt, dass sich in seiner Kasse jederzeit ein Barbestand von bestimmter Höhe vorfinde; bei einer Verzögerung des Deckungsprozesses würden ihn vielleicht seine Gläubiger unfähig finden, seine fälligen Verbindlichkeiten (z. B. Wechselschulden) einzulösen, und hiedurch könnte ihm ein im voraus gar nicht absehbarer Schaden erwachsen. In einem solchen Falle ist Geld (in einem soliden Kreditwesen auch Wertpapiere; doch interessiert hier der Fall nicht weiter) das einzig denkbare Objekt der Sicherheitsleistung. — Dass diese Sicherheitsleistung nicht in der Form der regulären Verpfändung (in specie), sondern in der Form der Eigentumsübertragung bewirkt wird, ist in modernen Verhältnissen, in denen man Geld nicht mehr in Kisten und Truhen aufzubewahren pflegt, durchaus angemessen und für den Kautionsbesteller selbst von grösstem Interesse, denn ohne dass der Kautionsempfänger über die Summe frei verfügen könnte, würde diese ein totes zinsloses Kapital bilden. Dem steht allerdings als notwendiges Korrelat die Gefahr gegenüber, dass der Kautionsbesteller, bei Lösung des Verhältnisses nur mit einer persönlichen, nicht mit einer dinglichen Klage auf Rückgabe der Kautionssumme ausgerüstet, einen Schaden leide; allein in der übergrossen Zahl der Fälle ist der Kautionsempfänger ein kapitalkräftiger sicherer Mann, bei dem der Kavent sein Geld gut anlegen kann; auch wird ein unsicherer Zahler nicht leicht jemand finden, der ihm eine hohe Kautionssumme anvertraute.

Bei den kleineren Geschäften des täglichen Lebens

ist die Uebereignung von Geld als einfache und bequeme Art der Sicherheitsleistung ebenfalls häufig und beliebt. Sehr verbreitet ist z. B. der Brauch, dass der Handwerksmeister, der seine Gesellen mit seinen eigenen Werkzeugen arbeiten lässt, von diesen sich eine Kaution bestellen lässt für eventuelle Beschädigung oder Zerstörung der Arbeitsgerätschaften. Unbekannten Kunden vertraut der Bücherverleiher sein Eigentum nur gegen Hinterlegung einer angemessenen Deckung für etwaige Schäden und Verluste an. Auch in diesen Fällen ist es das Bedürfnis möglichst schneller und sicherer Erledigung der etwa entstehenden Schadensersatzansprüche, was dazu führt, gerade die Barkaution als Form der Sicherheitsleistung zu verwenden.

Ehe nun auf die juristische Würdigung der in all diesen Fällen eintretenden Rechtsbeziehungen eingegangen werden soll, ist es nützlich und notwendig, die Barkaution mit einigen anderen Rechtsverhältnissen zu vergleichen, mit denen sie äusserlich eine gewisse Aehnlichkeit hat, von denen sie aber gerade deshalb um so schärfer getrennt werden muss. Es sind hier besonders folgende Fälle zu nennen.

1. Der uneigentliche Verwahrungsvortrag (depositum irregulare) über Geld. Eine im gemeinen Recht früher ziemlich verbreitete Ansicht identifizierte ihn mit der Barkaution [1]). Irreführend war hier wohl

[1]) So das Erkenntnis in Seuff. Arch., Bd. IV, Nr. 239, S. 380. — Vgl. Dernburg, Pfandrecht I S. 429, Anm. 2. L. Pfaff, Geld als Mittel pfandrechtlicher Sicherstellung, S. 11 unten; S. 39.

die im täglichen Leben für die Kautionsbestellung sehr gebräuchliche Redensart: „Geld hinterlegen", „Geld deponieren", ein Ausdruck, dessen sich ja auch die Rechtssprache bedient [1]). Irreführend: denn in Wahrheit haben beide Rechtsgeschäfte fast nichts mit einander gemeinsam. Vor allem sind die Parteiabsichten bei beiden völlig von einander verschieden: mit der Hinterlegung bezweckt der Hinterleger eine sichere Aufbewahrung seines Geldes; die Barkaution dagegen soll den Empfänger für künftige Ansprüche sicherstellen. (Nicht ausschlaggebend für die Unterscheidung ist, wie man oft annimmt, das Interesse der Parteien; in beiden Fällen können beide Parteien interessiert sein.) Aus den Parteiabsichten entwickeln sich dann die eigentlichen juristischen Verschiedenheiten. Der Hinterleger kann die Sache jederzeit zurückfordern (l. 1, § 45 D. depos. 16. 3. B. G. B. §§ 700, 695), während bei der Barkaution gerade das Gegenteil gelten muss, wenn anders sie ihren Zweck erreichen soll; durch ein jederzeit präsentes Rückforderungsrecht des Kautionsbestellers würde die Sicherheit des Gläubigers illusorisch werden. Es ist im Gegenteil bei der Barkaution a priori gar nicht sicher, ob der Kautionsbesteller jemals etwas und wieviel er wird zurückfordern können. — Sodann begründet der Verwahrungsvortrag eine Holschuld, und das Geld ist am Orte der Verwahrung zurückzugeben (B. G. B. §§ 700, 697); aus der Barkaution kann für den Kautionsempfänger nur eine Bringschuld entstehen, und Erfüllungsort ist im Zweifel der Wohnort des Kautionsempfängers (B. G. B., § 269).

Im gemeinen Recht kamen noch folgende Unter-

[1]) Vgl. z. B. l. 7 D. de stip. praet. 46, 5: pecuniae depositione. Ferner B. G. B. §§ 232, 233, 235. Z. P. O. § 108 (101). St. P. O. § 118.

schiede hinzu: Der Depositar konnte nicht wegen seiner Gegenforderungen ein Kompensations- oder Retentionsrecht ausüben, während der Empfänger einer Barkaution, falls eine Pflicht zur Rückgabe für ihn entsteht, eigene Forderungen (aus anderen Schuldverhältnissen) auf seine Schuld aufrechnen kann. Ferner fiel die Bestellung einer Kaution durch einen Dritten unter die für Frauen geltenden Interzessionsverbote [1]). Diese Unterschiede fallen nach dem Rechte des B. G. B. weg.

2. Das Draufgeld. Es ist die häufigste Form der Draufgabe. Auch hier wird Geld zu Eigentum [2]) gegeben; der Zweck des Geschäfts ist auch hier eine Art von Sicherung, und die Draufgabe bildet ebenfalls ein Akzessorium bei Schuldverhältnissen. Dennoch besteht nur scheinbar eine Gleichartigkeit mit der Barkaution.

Das Draufgeld bezweckt allerdings eine Art von Sicherheit, aber in ganz anderem Sinne, als die Barkaution, nämlich in dem Sinne, dass sie ein Beweismittel für die Abschliessung des Vertrags bildet (B. G. B., § 336, Abs. 1). Sie markiert einen rechtlich bedeutsamen Vorgang in äusserlicher, sinnfälliger Weise, und indem sie dem Schuldner die Thatsache seiner Erfüllungspflicht recht handgreiflich vor Augen führt, wirkt sie vor allem auf seinen Willen, zumal durch den Umstand, dass er im Falle des Vertragsbruchs

---

[1]) Dernburg, Pfandrecht I S. 429, Anm. 2.

[2]) Dies ist zwar in B. G. B. § 336 nicht ausdrücklich bestimmt, ist aber aus dem ganzen Sinne der §§ 336—338 zu entnehmen. Denn eine „Anrechnung" nach § 337 f. kann nur gedacht werden, wenn der Empfänger Eigentümer geworden ist, und zwar muss als entscheidender Zeitpunkt für den Eigentumsübergang das Hingeben der Draufgabe, nicht etwa der Zeitpunkt der Erfüllung (§ 337) oder gar des Eintritts der Ersatzpflicht (§ 338) betrachtet werden.

regelmässig den Verlust des hingegebenen zu befürchten hat (B. G. B. § 338).

Im Begriffe der Barkaution dagegen liegt es nicht, dass sie ein Zeichen für die Perfektion eines Vertrags wäre [1]). Eine Straffunktion kommt ihr niemals zu [2]); im Gegenteil: sie soll nur entstandenen Vermögensschaden ausgleichen, sie soll dem Gläubiger seine Befriedigung unabhängig von dem guten oder bösen Willen des Schuldners verschaffen [3]). Die Draufgabe dagegen bildet kein genaues Aequivalent für die ausbleibende Leistung des Verpflichteten; in den meisten Fällen steht daher ihr Vermögenswert in keinem Verhältnis zu dem Werte der geschuldeten Leistung; jedenfalls ist es nichts wesentliches, dass sie diesen Wert erreicht.

Bei ihrer Funktion als arrha poenalis handelt es sich weniger darum, dem Gläubiger einen Ausfall zu ersetzen, als dem Schuldner einen Nachteil zuzufügen, und gerade deshalb ist sie geeignet, Verträgen hinzuzutreten, bei deren Verletzung kein materieller Schade zu entstehen braucht, z. B. dem Verlöbnis [4]).

---

[1]) Siehe Dernburg, Pfandrecht I S. 99 f.

[2]) Dernburg, a. a. O., S. 100.

[3]) Richtig ist freilich, was Pfaff, a. a. O., S. 10 sagt, dass nämlich die Bestellung der Kaution dem Besteller auch einen Impuls dahin geben soll, dass er die Schuld gar nicht zur Entstehung gelangen lasse; aber juristisch wesentlich ist es nicht.

[4]) Vgl. Tit. C. de spons. 5. 1. Dazu Dernburg, a. a. O., S. 100. Ferner B. G. B. § 1301: „was er ihm . . . . . . zum Zeichen des Verlöbnisses gegeben hat“,

Nachdem nun die Grenze zwischen der Barkaution und ähnlichen Rechtsinstituten gezogen ist, soll sie selbst auf ihre juristische Natur untersucht werden.

---

§ 2.

Die juristische Natur der Barkaution und ihre Stellung im System des bürgerlichen Rechts.

Wer einem andern eine Barkaution bestellt, übergiebt ihm eine Geldsumme zu Eigentum und zu völlig freier Verfügung darüber. Der Empfänger soll durch dieses Geld Deckung erhalten für Ansprüche, die er gegen den Geber (oder einen anderen, für den dieser interzediert) schon hat oder doch künftig zu bekommen glaubt. Er soll daher nach Ablauf des Zeitraums, für den die Kaution bestellt worden ist, den Betrag, der seine Forderungen gegen den Schuldner übersteigt, dem Kautionsbesteller zurückerstatten und sich mit dem Restbetrag als für seine Forderungen befriedigt ansehen. Auf Herausgabe dieses Ueberschusses (oder, wenn dem Empfänger keine Forderungen erwachsen sind, oder er für seine Ansprüche schon befriedigt worden ist, auf Herausgabe der ganzen Summe) hat der Kautionsbesteller gegen den Gläubiger einen persönlichen Anspruch.

Dies ist in kurzen Zügen das Rechtsverhältnis bei der Barkaution. Wie dieses Rechtsverhältnis nun juristisch zu konstruieren sei, welche Stellung es im Rechtssystem einnehme, darüber gehen die Meinungen in der Litteratur auseinander.

Man kann hier zwei Gruppen unterscheiden: Die einen, die die Barkaution als eine Erscheinung des Pfandrechts erklären, und die andern, die ihr jeden pfandrechtlichen Charakter absprechen.

Die pfandrechtliche Natur der Barkaution hat in eingehender Weise zuerst L. Pfaff zu begründen gesucht [1]). Seine Auffassung ist kurz folgende. Indem der Kautionsbesteller dem Gläubiger eine Summe Geldes hingiebt, erwirbt er damit gegen ihn eine, wenn auch betagte, Forderung auf Rückgabe des Geldes. An dieser Forderung nun bestellt er dem Kautionsempfänger gleichzeitig mit der Uebergabe des Geldes ein Pfandrecht (S. 35, S. 40—43). Dieses Forderungspfandrecht kann der Gläubiger natürlich nicht durch Einziehung der Forderung ausüben, sondern, da er den Betrag der Forderung selbst in Händen hat, nur durch Abrechnung (S. 45 ff.). Diese ist eine Form des ius exigendi, die hier bedingt ist durch den Umstand, dass der Gläubiger in der ihm verpfändeten Forderung selbst als Schuldner steht (S. 50—52). Sie ist aber wohl zu unterscheiden von der gewöhnlichen Kompensation. (S. 47—50, S. 52 ff.)

Eine andere Auffassung vertritt Exner [2]). Nach ihm hat der Kautionsempfänger allerdings ein Pfandrecht, aber nicht an der gegen ihn selbst gerichteten Forderung, sondern an dem Gegenstande seiner (des Kautionsempfängers) künftigen Leistung. Der Kautions-

[1]) L. Pfaff, Geld als Mittel pfandrechtlicher Sicherstellung, insbes. das sog. pignus irregulare. 1868.

[2]) A. Exner, Kritik des Pfandrechtsbegriffs, 1873, S. 173 ff.

vertrag ist Kreditvertrag, d. h. es erwächst dem Besteller gegen den Empfänger eine Forderung auf Rückgabe des Geldes in genere. Da keine species geschuldet wird, so hat der Gläubiger an dem Gegenstande seiner Schuld erst dann ein wahres Pfandrecht, wenn dieser Gegenstand individualisiert ist; folglich hat er vorher nur ein Eventualpfandrecht an diesem Leistungsobjekt. (S. 181—185.) Er muss also, um sein Pfandrecht auszuüben, den Eventualfall herbeizuführen, und dies geschieht durch die Erklärung an den Schuldner: so viel werde geschuldet und so viel werde zurückbehalten; was der Gläubiger mit der einen Hand solutionis nomine giebt, zieht er mit der anderen pignoris nomine wieder zurück. Dies ist die Abrechnung. (S. 185 f.)

Dernburg [1]) erklärt die Barkaution als uneigentliches Sachpfand (pignus irregulare), eine Ansicht, die früher schon von Gesterding [2]) vertreten wurde und der sich auch Windscheid [3]) angeschlossen hat. Ebenso Kretschmar [4]).

Zu den Ansichten der bisher genannten Schriftsteller tritt in Gegensatz die Auffassung derer, die den pfandrechtlichen Charakter der Barkaution leugnen. Hier sind vor allem zwei zu nennen [5]).

Hanausek [6]) erklärt (vom Standpunkt des gemeinen

---

[1]) Pfandrecht I S. 429 f. Pandekten I § 272. Sachenrecht des deutschen Reichs, 1898, S. 750.

[2]) Ausbeute von Nachforschungen über verschiedene Rechtsmaterien, Bd. IV, 1832, S. 7 ff., insbes. S. 11 ff.

[3]) Pandekten I S. 226 a., Anm. 2.

[4]) G. Kretschmar, Secum pensare, 1886, S. 113, 114.

[5]) Auch ein Urteil der Würzburger Juristenfakultät v. 1849, abgedr. in Gruchots Beiträgen zur Erl. des preuss. R., X., S. 465, Anm. * gehört zu dieser Gruppe.

[6]) G. Hanausek, Die Lehre vom uneigentlichen Niessbrauch, 1879, Beilage, S. 161 ff.

Rechts aus) den Kautionsvertrag für einen Innominatkontrakt und zwar, soweit er die Aufrechnung der gegenseitigen Forderungen betreffe, für ein pactum de nominibus compensandis; denn die Aufrechnung sei gewöhnliche Kompensation.

Neuerdings hat Demelius[1]) die pfandrechtliche Natur der Barkaution energisch in Abrede gestellt. Die dem Pfandrecht überall zukommende Eigentümlichkeit sei seine Subsidiarität, vermöge deren es nur dann einzutreten bestimmt sei, wenn der Gläubiger nicht befriedigt werde. Diese Subsidiarität aber fehle bei der Barkaution, denn hier werde dem Vermögen des Gläubigers von vornherein eine Leistung zugeführt, die ihm möglicherweise oder sogar wahrscheinlicherweise später ohnedies zufallen werde; er habe demnach die Leistung, die er später zu fordern habe, von vornherein in seinem Vermögen. Es liege daher vielmehr ein Fall der Sicherstellung durch Antizipativdeckung vor; die Befriedigungskraft des Sicherheitsobjekts werde sofort und unbedingt in Anspruch genommen. Die Deckung der dem Gläubiger erwachsenden Forderungen geschehe infolge dessen „automatisch", die Forderungen seien im Moment ihrer Entstehung durch „Antizipativersatz" bereits getilgt.

Es sollen nun die verschiedenen Ansichten dieser Schriftsteller geprüft werden. Diese Prüfung wird nicht überflüssig dadurch, dass in der vorliegenden Unter-

[1]) Ernst Demelius, das Pfandr. an bewegl. Sachen nach österr. bürgerl. R. I (1897) S. 95 ff., S. 224 ff.

suchung das Recht des bürgerlichen Gesetzbuchs als Grundlage genommen wird, denn wenn jene Ansichten auch im wesentlichen auf das gemeine Recht gegründet sind, so ist doch dessen Geltung nicht ihre unbedingte Voraussetzung.

Der Auffassung Pfaffs hat schon Windscheid [1]) vorgeworfen, dass sie zu wenig natürlich sei und dem Parteiwillen nicht entspreche. Der zweite Grund allein würde aber noch kein Gegenbeweis gegen diese Konstruktion sein. Freilich würde, Pfaff's Ansicht als richtig angenommen, beim Kautionsvertrag keine von den Parteien sich dessen bewusst sein, dass der Empfänger eine Forderung gegen sich begründe und der Besteller ihm diese Forderung verpfände. Aber in wieviel Fällen sind denn überhaupt die Parteien sich bewusst, welche Rechtswirkungen ihre Handlungen haben, oder auch nur dass sie Rechtswirkungen haben? Der andere Vorwurf Windscheids dagegen, dass die Konstruktion wenig natürlich sei, trifft zu.

Pfaff nimmt bei der Bestellung der Barkaution zwei Rechtsgeschäfte an (die freilich uno actu vollzogen werden): einen Kreditvertrag (das Hingeben des Geldes) und einen Verpfändungsvertrag. Um dem Gläubiger Sicherheit zu gewähren, werde eine Verbindlichkeit des Gläubigers eigens zu dem Zwecke geschaffen, damit er an ihr seine Deckung finde [2]). — Damit wird aber ein offenbar einheitliches Verhältnis in zwei Teile gespalten. Die eine dieser beiden Hälften weiss Pfaff nur negativ zu charakterisieren, nämlich als „darlehenartiges Verhältnis“, als „eine Art des in creditum abire“ [3]). Zu dieser Annahme, dass dem

---

[1]) Pandekten, § 226 a., Anm. 2.

[2]) a. a. O., S. 35.

[3]) a. a. O., S. 42.

Kautionsbesteller aus der Hingabe des Geldes sofort eine (wenn auch betagte) Forderung auf Rückgabe erwachse, wird Pfaff geführt durch die Auffassung, dass zu der „Abrechnung" immer zwei einander gegenüberstehende Forderungen nötig seien [1]). Zu dieser Auffassung nötigt aber nichts, wie unten (S. 23 ff.) näher dargelegt werden wird. Soviel ist aber jetzt schon klar: es passt schlecht zu dem Wesen eines Sicherstellungsvertrags, die Sicherung des Gläubigers in letzter Linie darauf zurückzuführen und davon abhängig zu machen, dass ihm eine Verpflichtung gegen den Kautionsbesteller obliege, und dass diese Verpflichtung Gegenstand des Pfandrechts sei. Hierbei tritt das sachenrechtliche Moment, das in dem Hingeben des Geldes zu Eigentum liegt, zu sehr in den Hintergrund. Die Sicherstellung liegt nicht erst in der Verpfändung einer gewissermassen künstlich geschaffenen Verpflichtung, sondern schon in der Uebereignung des Geldes.

Auch Exner und Hanausek operieren mit der Restitutionspflicht des Kautionsempfängers.

Exner nimmt wie Pfaff einen Kreditvertrag und einen Verpfändungsvertrag an, nur dass er als Objekt des Pfandrechts nicht eine Forderung, sondern eine Sache ansieht. Auch hier wird also eine Restitutionspflicht des Gläubigers zur Erklärung benutzt. Seine Konstruktion wird aber dadurch noch besonders künstlich, dass er für sie den Vorgang der Individualisierung des Leistungsobjekts durch den Kautionsempfänger braucht. Niemand wird im Leben eine solche Individualisierung thatsächlich vornehmen, um sein Recht aus dem Kautionsvertrag auszuüben. Exner lässt daher auch eine blosse Erklärung des Gläubigers

[1]) Kretschmar, Secum pensare, S. 112.

an den Besteller der Kaution, dass er abrechne oder zurückbehalte, genügen. Damit verzichtet Exner aber gerade auf das, was er vorher zu seiner Konstruktion gebraucht hatte, nämlich auf die Annahme eines wahren Sachenpfandrechts; denn wenn die blosse Erklärung des Gläubigers genügt, das Objekt also niemals in specie existiert, so hat auch nie ein reguläres Pfandrecht, ein ius in re an diesem Objekt bestanden; das Pfandrecht ist aus seiner Pendenz nie herausgetreten [1]).

Hanausek zieht hieraus den Schluss, dass es das beste sei, das Pfandrecht überhaupt nicht zur Konstruierung des Barkautionsverhältnisses zu verwenden. Aber auch seine Annahme eines pactum de compensando steht und fällt mit der Annahme, dass der Kautionsempfänger von Anfang an zur Rückgabe verpflichtet sei und dass die Abrechnung eine wahre Kompensation sei.

Ebensowenig kann die Konstruktion von Demelius befriedigen. So richtig es ist, dass die Subsidiarität ein wesentliches Merkmal des Pfandrechts bildet, so unrichtig ist es, der Barkaution dieses Merkmal abzusprechen. Denn die Subsidiarität liegt nicht nur im Begriff des Pfandrechts, sondern im Begriff der Sicherstellung überhaupt. Dass die Bestellung der Barkaution eine Antizipativdeckung sei, nämlich derart, dass sie bestimmt sei, den Gläubiger nicht nur subsidiär und eventuell, sondern direkt und unbedingt zu befriedigen, ist daher ein Widerspruch in sich, wenn anders die Barkaution eine Form realer Sicherstellung ist (wie ja Demelius annimmt). Ein Blick ins Leben lehrt, dass bei der Kautionsbestellung kein Schuldner die Absicht hat, eine künftige Schuld im voraus zu bezahlen, kein

---

[1]) Hanausek, a. a. O., S. 168 f.

Gläubiger, im voraus Zahlung zu empfangen[1]); die Folge wäre, dass bei lange dauernden Obligationsverhältnissen mit jeder neu entstehenden oder fällig werdenden Forderung des Kautionsempfängers die Kautionssumme um den betreffenden Betrag gemindert würde, der Gläubiger infolgedessen die Forderung nicht mehr gegen den Schuldner persönlich geltend machen könnte, vielmehr ratlos zusehen müsste, wie seine Sicherheit täglich kleiner würde. Der Schuldner könnte ja seiner Klage den Einwand entgegenhalten: Du bist ja bereits im voraus bezahlt, ziehe doch den Betrag von der Kautionssumme ab! — Dies entspricht nimmermehr den Auffassungen und den Bedürfnissen des Lebens.

Die einzige Konstruktion, die sich sowohl theoretisch als die einfachste und natürlichste, wie praktisch als die brauchbarste darstellt, ist die des Sachpfands — oder wenn man so will, des uneigentlichen Faustpfands, des pignus irregulare. Dies wird im folgenden zu erweisen sein.

Zunächst ist festzustellen, dass es im B. G. B. (wie im gemeinen Recht[2]), an einer positiven Bestimmung über die Barkaution fehlt, wenigstens über die besondere Form der Barkaution, von der hier allein die Rede ist: der Uebereignung einer Geldsumme an den Gläubiger selbst. Der andere Fall, nämlich die Uebereignung an einen unbeteiligten Dritten, hat im

---

[1]) Vgl. gegen diese Auffassung schon Pfaff, a. a. O., S. 49, Kretschmar, a. a. O., S. 113 oben.

[2]) Pfaff, a. a. O., S. 4.

§ 233 des B. G. B. eine ausdrückliche Regelung erfahren; zwar nur für den Fall, dass dieser Dritte der Fiskus oder eine der landesgesetzlich bestimmten Hinterlegungsstellen ist; allein ohne Zweifel ist diese Vorschrift auf die Fälle analog auszudehnen, wo der Empfänger eine Privatperson ist. Der angezogene § sagt nämlich: wenn Sicherheit durch Hinterlegung von Geld geleistet wird, und nach landesgesetzlicher Vorschrift das Geld hiebei ins Eigentum der Hinterlegungsstelle übergeht (vgl. E. G. Art. 145), so erwirbt der Berechtigte mit der Hinterlegung ein Pfandrecht an der Forderung auf Rückerstattung.

Es ist nun vor allem die Frage zu erörtern, ob diese Bestimmung für unsern Fall von massgebender Bedeutung ist, oder ob sie sich wenigstens für dessen juristische Konstruktion verwerten lässt. Dabei soll gar nicht einmal ein Einwand gegen die Bejahung dieser Frage daraus entnommen werden, dass das Gesetzbuch in seinem § 233 weniger eine positive Vorschrift zu geben, als vielmehr eine theoretische Frage, eine Frage der Konstruktion lösen zu wollen scheint, ein Umstand, der immerhin dazu führen könnte, die Berechtigung der erwähnten Bestimmung aus theoretischen Erwägungen zu bestreiten; denn wo ein Gesetzbuch nicht sagt, was sein soll, sondern wie eine wissenschaftliche Frage zu entscheiden sei, kann es immer mit besseren Gründen widerlegt werden. Verzichtet man also auf diesen Einwand, so könnte man versucht sein, folgenden Schluss zu ziehen: Da im Falle des § 233 der Gläubiger ein Pfandrecht an der Forderung auf Rückerstattung erwirkt, die dem Sicherheitsleistenden gegen den Empfänger zusteht, so gilt dasselbe, wenn, wie in unserem Falle, Gläubiger und Empfänger in einer Person zusammentreffen: Der

Gläubiger erwirbt also durch die Bestellung der Barkaution ein Pfandrecht an der gegen ihn selbst gerichteten Forderung auf Rückerstattung der Geldsumme. Damit wäre dann die Berechtigung der Pfaffschen Auffassung für das Recht des B. G. B. ausgesprochen. Allein der Schluss wäre mindestens voreilig. Zwei Fragen wären damit nämlich implicite bejaht, die doch noch eine nähere Prüfung erheischen: 1. Erwirbt der Kautionsbesteller mit der Uebereignung des Geldes sofort eine Forderung auf Rückgabe? 2. Wenn dies der Fall ist: kann jemandem eine Forderung, in der er selbst als Schuldner steht, verpfändet werden?

Was nun die erste dieser beiden Fragen angeht, so haben Pfaff, Exner und Hanausek, wie oben schon ausgeführt, bei ihren Konstruktionen als ganz selbstverständlich vorausgesetzt, dass der Besteller einer Barkaution von vornherein eine (betagte) Forderung auf Rückgewährung der ganzen Summe gegen den Kautionsempfänger habe, ohne dass die genannten Schriftsteller dies näher begründet hätten [1]). Eine solche Annahme aber rechtfertigt sich nicht von selbst, denn nicht jede Uebereignung von Geld (ganz abgesehen von dem Fall, wo sie Erfüllung einer Verbindlichkeit ist) begründet an sich unmittelbar eine Forderung auf Rückgabe. Dies wird sehr anschaulich ausgesprochen und erläutert von Julianus in l. 19 pr. D. de reb. cred.:

Non omnis numeratio eum qui accepit obligat, sed quotiens id ipsum agitur, ut confestim obligaretur. nam et is qui mortis causa pecuniam donat, numerat pecuniam, sed non aliter obligabit accipientem, quam si extitisset casus, in quem obligatio collata fuisset, veluti

[1]) Vgl. Pfaff, S. 35, Exner, S. 181, Hanausek, S. 170 in der Anm. und S. 173.

si donator convaluisset aut is qui accipiebat prior decessisset. et cum pecunia daretur, ut aliquid fieret, quamdiu in pendenti esset, an id futurum esset, cessabit obligatio: cum vero certum esse coepisset futurum id non esse, obligabitur qui accepisset: veluti si Titio decem dedero, ut Stichum intra kalendas manumitteret, ante Kalendas nullam actionem habebo, post kalendas ita demum agere potero, si manumissus non fuerit.

Diese Erwägungen machen sich auch in unserem Falle geltend. Es ist durchaus notwendig, jeden Gedanken an Darlehen oder depositum irregulare streng von der Barkaution fern zu halten [1]; diese ist gar nicht in erster Linie Kreditvertrag, man würde es auch verwunderlich finden, wenn jemand den Kautionsbesteller als Kreditgeber, den Kautionsempfänger als Kreditnehmer bezeichnete. Dass der Kautionsempfänger die erhaltene Summe später einmal zurückgeben muss, ist eine sekundäre und im einzelnen Fall durchaus nicht notwendig eintretende Folge des Rechtsgeschäfts, nicht seine Grundlage, sein oberstes Prinzip, aus dem sich dann alles andere erklärte. Die angebliche Forderung des Kautionsbestellers auf Rückgabe, die für die genannten Schriftsteller eine notwendige Voraussetzung ihrer Konstruktion bildet, schwebt an sich betrachtet völlig in der Luft. Ihr ganzes Dasein geht auf in dem Zwecke, der Tilgung der sichergestellten Forderungen zu dienen. Wenn aber zu dieser Tilgung eine Forderung nötig ist, wozu dann eine solche erst durch Hingeben von Geld begründen? Derselbe Erfolg würde ja viel einfacher dadurch erreicht, dass der Kautionsempfänger dem Besteller erklärte, er wolle ihm so und so viel schuldig

[1]) Dies ist auch die Meinung von **Pfaff** (vgl. S. 35 ff); allein später operiert er doch wieder mit dem „darlehenartigen Verhältnis“, dem „credere, in creditum abire“ (S. 41 f).

sein. Also ist doch die Uebereignung des Geldes anders zu erklären, als aus dem blossen Zwecke, eine zur Verpfändung (Pfaff) oder Kompensation (Hanausek) geeignete Forderung des Kaventen ins Leben zu rufen. Der Kautionsbesteller denkt auch in erster Linie gar nicht daran, sein Geld wegzugeben, um dafür eine Forderung zu erwerben, sondern er will den Gläubiger durch die Uebereignung des Geldes sicherstellen; während der Kreditgeber an sich nichts verliert, da an die Stelle des veräusserten Objekts eine Forderung tritt, der Kreditnehmer nichts gewinnt, da er Schuldner wird, liegt es im Wesen der Sicherheitsleistung, dass der Kavent dem Vermögen des anderen ein plus zuführt, ohne zunächst ein Aequivalent dafür zu beanspruchen: das dem plus entsprechende minus ist eben die Unsicherheit des Gläubigers, ob er für seine Forderungen befriedigt werde. Und erst wenn diese Unsicherheit endgültig gehoben ist, wenn es gewiss ist, dass dem Sicherheitsempfänger keine Forderung mehr gegen den Schuldner erwachsen werde, also erst wenn das kautionsgesicherte Verhältnis zwischen den Parteien gelöst wird und alle Schulden beglichen sind: erst dann erwirbt der Kautionsbesteller ein rechtliches Aequivalent für die Hingabe der Geldsumme, nämlich einen Anspruch auf Rückgewähr. Wie es in der obenangeführten Digestenstelle heisst: quamdiu in pendenti esset, an id futurum esset, cessabit obligatio: cum vero certum esse coepisset, futurum id non esse, obligabitur qui accepisset.

Mit andern Worten: die Forderung des Kautionsleisters auf Rückgabe der Kaution ist vor der Lösung des sichergestellten Verhältnisses noch nicht endgültig entstanden, sondern von der condicio iuris [1]) abhängig,

---

[1]) In diesem Sinne will wohl auch Demelius, a. a. O. S. 228, verstanden werden, wenn er diese Forderung eine

dass bei der Lösung des Verhältnisses die Kautionssumme noch nicht aufgebraucht ist; der Kautionsempfänger ist vor diesem Zeitpunkt zur Rückgabe nicht verpflichtet; und wenn der Gläubiger sich genötigt sieht wegen seiner Forderungen auf die Kaution zu greifen, so wird damit nicht seine Verpflichtung zur Rückgabe insoweit aufgehoben, sondern sie kann insoweit gar nicht entstehen [1]). Und wenn die Kautionssumme durch die Forderungen aufgezehrt wird, so ist der Kautionsempfänger überhaupt niemals restitutionspflichtig geworden, weil die condicio iuris niemals eingetreten ist. Diese Forderung kann also nicht zur Konstruktion des Rechtsverhältnisses verwandt werden. Diese Konstruktion lässt sich auch nicht etwa dadurch retten, dass man annimmt, es bestehe zwar nicht von vornherein ein Anspruch des Kautionsleisters auf Rückgewähr der ganzen Summe, wohl aber werde in dem Augenblick, wo der Gläubiger sich wegen eines Anspruchs aus der Kaution befriedigen wolle, ein entsprechender Teilbetrag der Kaution fällig, den dann der Gläubiger zur „Aufrechnung“ oder „Abrechnung“ verwende; eine solche Annahme würde sich selbst durch ihre Sinnwidrigkeit und Willkürlichkeit widerlegen. Da nun also die erste der beiden oben aufgeworfenen Fragen, ob nämlich der Kautionsbesteller mit der Uebereignung des Geldes sofort eine Forderung auf Rückgabe erwerbe, verneint werden muss, so bedarf die zweite Frage, ob jemand an der gegen ihn selbst gerichteten Forderung

---

bedingte nennt. Um eine eigentliche Bedingung kann es sich nicht handeln, da der zukünftige ungewisse Umstand im Begriff des Rechtsverhältnisses liegt, ihm nicht willkürlich hinzugefügt wird.

[1]) Vgl. Windscheid, Pand., § 226 a. Anm. 2. Kretschmar, Secum pensare, S. 112. Demelius, Pfandrecht, S. 228 f.

ein Pfandrecht erwerben könne, keiner weiteren Erörterung.

Die Kautionsbestellung lässt sich also nicht als rein obligatorischer Vortrag erklären. Sie ist vielmehr — und das ist das positive Ergebnis der bisherigen Untersuchung — vor allem als dinglicher Vertrag zu begreifen. Die Sicherstellung liegt in der Uebereignung des Geldes, nicht in den obligatorischen Folgen, die sich aus diesem Uebertragungsakt möglicherweise ergeben können. Dies sachenrechtliche Moment erkannt zu haben ist das Verdienst der Schriftsteller, die die Barkaution als pignus irregulare, als uneigentliches Faustpfand konstruieren (s. o., S. 16).

Immerhin bedarf der Satz, dass die Barkaution eine Form des Pfandrechts sei, einer näheren Begründung, insbesondere mit Rücksicht auf das Pfandrechtssystem des B. G. B [1]).

Das Sachenpfandrecht tritt im B. G. B. in der Form des dinglichen Rechts auf. Entscheidend hierfür ist der Ausdruck des § 1204: „eine bewegliche Sache kann zur Sicherung einer Forderung in der Weise belastet werden . . . .“ Auch an einer Quantität individuell bestimmter Geldstücke kann ein Faustpfandrecht bestellt werden, denn der § 1204 spricht von Sachen d. h. körperlichen Gegenständen) ohne Einschränkung [2]). Hört dagegen die individuelle Existenz der Geldstücke ganz auf, indem von vornherein Eigentum auf den Gläubiger übertragen wird, so ist für ein

[1]) Dass die Frage nach der juristischen Natur der Barkaution mit der Frage des Pfandrechtsbegriffs aufs engste zusammenhängt, zeigen die Erörterungen von Pfaff (S. 12 ff.), Exner (S. 173 ff.) und Demelius (S. 95 ff.).

[2]) Vgl. ausserdem § 233: „Pfandrecht an dem hinterlegten Gelde“, und § 1208 in Verbindung mit § 935, Abs. 2.

dingliches Recht an dem Gelde kein Raum. B. G. B., § 1256. Liegt aber deshalb überhaupt kein Pfandrecht mehr vor? Dies wäre dann richtig, wenn die Gleichung: Pfandrecht = dingliches Recht richtig wäre. Allein der Begriff des Pfandrechts geht nicht in dem des dinglichen Rechts auf; das dingliche Recht ist nur die wichtigste Erscheinungsform des Pfandrechts. Neben ihr steht vor allem das sogenannte Pfandrecht an Rechten. Dies lässt sich nicht unter den Begriff des dinglichen Rechts bringen, denn ein dingliches Recht ist nach dem B. G. B. nur an Sachen möglich, und Sachen sind nur körperliche Gegenstände [1]). (Ganz abgesehen von der Frage, ob bei dem „Pfandrecht an Rechten" wirklich das Recht Gegenstand des Pfandrechts ist.) Welches ist nun der über diesen beiden Arten des Pfandrechts stehende Gattungsbegriff des Pfandrechts?

Hiermit ist eine Frage formuliert, die seit Anfang dieses Jahrhunderts unter den Rechtsgelehrten lebhaft diskutiert wird und dabei die verschiedensten Antworten gefunden hat [2]). Keine dieser Theorien, unter denen die von Bremer [3]) (das Pfandrecht ist immer ein Recht am Recht) und Exner [4]) (das Pfandrecht ist immer Sachenpfandrecht) die bekanntesten sind, hat einen durchschlagenden Erfolg erzielt. Diese Theorien versuchen es bekanntlich, rein mit den Mitteln juristischer Technik die „Einheit" des Pfandrechtsbegriffs zu konstruieren. Dass dies für das gemeine Recht ein vergebliches Bemühen ist, lehrt schon ein unbefangener Blick ins corpus iuris: Die römischen Juristen haben sich

---

[1]) Vgl. Dernburg, Sachenrecht, S. 754 f. (§ 278).

[2]) Vgl. hierüber das Referat von Demelius, a. a. O., § 2.

[3]) Das Pfandrecht und die Pfandobjekte, 1867.

[4]) Kritik des Pf.-R.-Begriffs, 1873.

um die dogmatische Einheit der verschiedenen Pfandrechtserscheinungen nicht gekümmert, sondern sie wesentlich von ihrer praktischen Seite betrachtet und behandelt. Auch den positiven Bestimmungen des B. G. B. gegenüber dürfte es unmöglich sein, mit reinen Rechtsbegriffen die Einheit des Pfandrechts zu ergründen. Dies schliesst aber nicht aus, dass es einen solchen einheitlichen Pfandrechtsbegriff gebe; nur ist er nicht ausschliesslich auf juristischem Gebiete zu suchen, sondern auch auf dem ökonomischen: der wirtschaftliche Zweck der verschiedenen Pfandrechtsarten ist es vor allem, der sie unter einem einheitlichen Gesichtspunkt erscheinen lässt [1]); er lässt sich jedenfalls bei einer Pfandrechtskonstruktion, die sich nicht mit doktrinären Spitzfindigkeiten begnügen will, nicht ganz ausschliessen [2]). Das gemeinsame der verschiedenen Pfandrechtsarten dürfte daher in folgendem zu finden sein.

Der wirthschaftliche Zweck des Pfandrechts ist, dem Gläubiger ein Rechtsgut mit Vermögenswert in die Hand zu geben zur Sicherung seiner Forderung, d. h. damit er, wenn der Schuldner nicht erfüllt, aus dem Rechtsgut den Geldwert heraussetzen und sich aus diesem selbständig befriedigen könne. Als Sicherungsobjekt kann daher jede Sache (im weiteren Sinne) dienen, die einen Vermögenswert hat und geeignet ist, auch durch einen anderen als den, dem sie ursprünglich zusteht, verwertet zu werden. Zu diesem Sicherungsobjekt nun muss der Gläubiger in eine rechtliche Beziehung gesetzt werden, und zwar wird dies bei den verschiedenen Objekten auf verschiedene Weise erreicht; das wesentliche aber ist immer die Vinkulierung eines fremden Vermögensguts beim Gläubiger mit der

---

[1]) Dernburg, Pfandrecht I, S. 96 f.

[2]) Vgl. Demelius, a. a. O., § 5.

Bestimmung, dass es ihm zur Befriedigung dienen solle für den Fall, dass der Schuldner nicht gehörig erfüllt.

Hierin ist das charakteristische alles Pfandrechts zu erblicken; in diesen Merkmalen treten alle die verschiedenen Erscheinungsformen pfandrechtlicher Sicherstellung den übrigen Fällen der realen Sicherstellung, nämlich der Bürgschaft und den bürgschaftsähnlichen Rechtsverhältnissen, als Einheit gegenüber. Ganz richtig sagen daher die Motive zum Entwurf I des B. G. B., S. 595: „Verneint man die Frage [nämlich ob das Pfandrecht im Sinne der oben verworfenen Ansichten als Recht am Recht oder als Recht am Wert u. ä. konstruiert werden müsse], so bleibt doch immer der Pfandrechtsbegriff insofern derselbe, als der Pfandgläubiger das Recht auf Verwertung des ihm verpfändeten Gegenstandes zum Zwecke seiner Befriedigung wegen der Pfandforderung hat. Von diesem Standpunkt muss daher das Pfandrecht als ein systematisch geschlossenes Rechtsgebiet angesehen werden“ u. s. w.

In diesem Pfandrechtsbegriff nun findet die Barkaution ganz ungezwungen ihren Platz; dass bei ihr das Objekt eine Geldsumme und die Art der Vinkulierung die Eigentumsübertragung ist, steht ihrer Charakterisierung als Pfandrecht nicht im Wege. Es ist auch hierbei nicht der Einwand zu fürchten, dass der Kautionsempfänger doch kein fremdes Vermögensobjekt verwerte, da ja das Geld durch die Kautionsbestellung sein eigenes geworden sei. Fremd ist dem Gläubiger das Sicherungsobjekt hier freilich nicht in dem Sinne, dass es ihm nicht gehörte, wohl aber insofern, als er es von vornherein nicht endgültig erworben hat, fremd also in ähnlichem Sinne, wie es in dem Vermögen eines Schuldners die Vermögensbestände sind, die den

Wert seiner Schuld repräsentieren, und die die Römer deshalb als aes alienum bezeichnen.

Da nun also bei der Barkaution Gegenstand des Pfandrechts das hingegebene Geld ist, so hat diese ein Analogon im Faustpfand als der wichtigsten sachenrechtlichen Form des Pfandrechts. Nur ist es nach dem oben dargelegten nicht notwendig, die Barkaution als uneigentliches Sachenpfand, als pignus irregulare zu bezeichnen, Ausdrücke, die doch nur etwas negatives besagen, nur ein Notbehelf sind; sie ist vielmehr dem Faustpfand als eine zweite Form des Sachenpfands zu koordinieren, sie hat neben ihm ein selbständiges Dasein.

Wenn nun noch zum Schlusse die Frage übrig bleibt, was denn eigentlich mit der Feststellung der pfandrechtlichen Natur der Barkaution gewonnen sei [1]), so ist darauf zu antworten, dass der Wert dieser Feststellung zunächst ein theoretischer ist. Indem sie aber einen Gewinn bedeutet für die Systematik der Barkaution (wie des Pfandrechts überhaupt), führt sie auch zu praktischen Ergebnissen, wie sich insbesondere unten bei der Lehre von der Ausübung des aus der Barkaution fliessenden Rechts zeigen wird. Sie wird vor Irrtümern und unpraktischen Folgerungen bewahren, in die vor allem die Juristen verfallen sind, die der Barkaution den pfandrechtlichen Charakter abgesprochen haben.

Wir werden also, da das B. G. B. über die Barkaution schweigt, bei ihr, soweit es ihre besonderen Verhältnisse zulassen, die Regeln über das Pfandrecht an beweglichen Sachen analog anzuwenden haben.

[1]) Demelius, a. a. O., S. 228.

§ 3.

Die versicherten Forderungen.

Die Barkaution ist, wie alles Pfandrecht, notwendig ein Accessorium zu einer Forderung und ohne eine solche nicht denkbar. Vgl. B. G. B., §§ 1204, 1252. Sie kann für fällige wie für nicht fällige, für gegenwärtige wie für bedingte und zukünftige Forderungen bestellt werden. B. G. B., § 1204, Abs. 2.

Eine besondere Betrachtung erfordern die „zukünftigen" Forderungen. Das B. G. B. gebraucht diesen Ausdruck an mehreren Stellen, so bei der Bürgschaft (§ 765, Abs. 2) und beim Pfandrecht (§§ 1204, Abs. 2, 1209), ohne jedoch eine nähere Erläuterung des Begriffs zu geben. Im gemeinen Recht herrscht Streit über den Begriff der zukünftigen Forderung (obligatio futura) [1]), der sich wahrscheinlich unter der Herrschaft des B. G. B. bei dessen Schweigen über diesen Gegenstand fortsetzen wird.

Die Frage muss aus allgemeinen Grundsätzen beantwortet werden.

Im weiteren untechnischen Sinne umfasst der Begriff der zukünftigen Forderung alle Forderungen, deren Erfüllung erst in der Zukunft verlangt werden kann, sei es, dass der Grund der Forderung bereits in der Weise gelegt ist, dass nur die Erfüllung in der Zukunft liegt oder die Wirksamkeit der Forderung noch von einem weiteren ungewissen Umstande abhängt; sei es,

---

[1]) Vgl. Windscheid, Pandekten, § 225, Anm. 6.

dass die Forderung nur als möglicherweise künftig entstehend in Aussicht genommen wird [1]).

Zu den Forderungen der ersten Art gehören die betagten und die bedingten Forderungen. Indem diese nun ihren besonderen Rechtsgrundsätzen unterliegen, treten sie zu den künftigen Forderungen im engeren und eigentlichen Sinne in Gegensatz. So auch im B. G. B., §§ 765, Abs. 2, und 1204, Abs. 2, wo allerdings die betagte Forderung nicht besonders hervorgehoben ist, weil dazu kein Bedürfnis vorliegt.

Für den Begriff der zukünftigen Forderungen im eigentlichen Sinne bleiben also nur die Forderungen der zweiten Art übrig, nämlich die, von denen man den Umständen nach annimmt, dass sie künftig einmal ins Leben treten können [2]). Eine solche Möglichkeit kann begründet sein in rein thatsächlichen Verhältnissen (z. B. es liegt die Gefahr ausserkontraktlicher Vermögensbeschädigung vor), oder in einem zwischen den Parteien bestehenden weiteren Schuldverhältnisse, aus dem sicherungsbedürftige Ansprüche hervorgehen können [3]) (z. B. Pacht-, Miet-, Dienst-, Beamtenverhältnis, Auftrag).

Windscheid freilich behauptet [4]), die zuletzt genannten Fälle, wo sich aus einem Obligationsverhältnis Obligationen auf bestimmte einzelne Leistungen entwickeln, seien nicht unter die zukünftigen Forderungen zu rechnen; denn entweder seien hier die Forderungen blos betagt, oder sie seien von allgemein bestimmtem Leistungsinhalte, der erst durch die künftigen Verhältnisse näher bestimmt werde, demnach von einer

---

[1]) Windscheid, a. a. O.

[2]) Regelsberger, Altersvorzug der Pfandrechte (1859), S. 36.

[3]) Regelsberger, a. a. O.

[4]) Pandekten, a. a. O.

condicio iuris abhängig. Allein Windscheid fasst den Begriff der zukünftigen Forderungen zu eng, nämlich als einer Forderung, „zu der noch nicht einmal der Grund gelegt ist“. Dadurch kommt er in Konflikt mit l. 28 D. de V. O. (45. 1), worin die Forderung auf die künftigen Mietzinsposten als futura obligatio bezeichnet wird; denn hier ist doch offenbar der Grund zur Obligation schon in gewisser Weise gelegt. Er muss daher „futura“ mit „noch nicht fällig“ übersetzen. Allein die zukünftigen Mietzinsforderungen sind nicht nur noch nicht fällig, sondern überhaupt noch nicht entstanden, obwohl „der Grund bereits gelegt ist“; denn ob sie entstehen, hängt davon ab, ob das Grundstück dem Mieter auch in der Zukunft kontraktmässig überlassen wird [1]). — Was man sich ferner unter Obligationen „mit allgemein bestimmtem Leistungsinhalt“ vorzustellen habe, ist schwer zu sagen. Wenn der Leistungsinhalt bloss in dieser Allgemeinheit bestimmt ist, so kann man eben in keiner Weise sagen, die Obligationen seien schon vorhanden. Dass die Forderungen von einer condicio iuris abhängig seien, mag in einzelnen Fällen zutreffen (so z. B. bei den künftigen Mietzinsforderungen); das schliesst aber keineswegs aus, dass die Forderungen dennoch als zukünftige zu betrachten sind. — Jedenfalls dürfte sich der Kreis der zukünftigen Forderungen nach der für uns massgebenden Terminologie des B. G. B., das die bedingten und die betagten den zukünftigen Forderungen gegenüberstellt, nur in der oben dargelegten Weise bestimmen lassen.

Es ist schon oben (§ 1) auseinandergesetzt worden,

---

[1]) Dernburg, Pfandrecht I, S. 522. Windscheid nennt selbst als Beispiel einer künftigen Forderung die Forderung aus einem bloss verabredeten Darlehen. Ist denn hier noch kein „Grund zur Obligation“ gelegt?

dass und warum die Barkaution besonders häufig für derartige künftige Forderungen bestellt wird, denn künftige Forderungen sind es ja zumeist, die bei den dort geschilderten Obligationsverhältnissen durch Kaution gesichert werden: Die Forderungen auf die künftigen Pachtzinsraten, die etwaigen künftigen Ansprüche des Prinzipals gegen den Geschäftsführer aus mangelhafter Geschäftsführung oder auf Ersatz wegen Unterschlagung von Geldern u. s. f.

Was den Leistungsgegenstand betrifft, so kann dieser bei den versicherten Forderungen von der verschiedensten Art sein, nur muss er selbstverständlich einen Vermögenswert haben. Vgl. l. 9, § 1, D. de pign. act. (13. 7). B. G. B. §§ 1204, 1228, Abs. 2. Wichtig ist aber hier vor allem wegen der besonderen Art des Objektes der Sicherheitsleistung die Unterscheidung in Forderungen, die von vornherein auf Leistung von Geld gehen und solche, die nicht von vornherein Geldforderungen sind.

Geht eine Forderung von vornherein auf Leistung einer festbestimmten Geldsumme, so hat die Sicherstellung durch Barkaution nur dann einen Sinn, wenn die Forderung eine bedingte oder eine künftige ist, nicht aber wenn sie schon fällig oder bloss betagt ist. Das ist bei schon fälligen Geldforderungen ohne weiteres klar. Aber auch bei betagten Geldforderungen ist eine Sicherstellung durch Uebereignung von Geld nicht denkbar. Denn wenn der Schuldner dem Gläubiger schon vor dem Fälligkeitstermin den Betrag aushändigt, so ist dies keine Sicherstellung, sondern direkt Zahlung.

Der Schuldner kann ja, da der Termin gewöhnlich zu seinen Gunsten gesetzt ist. (Vgl. l. 41, § 1 D. de V. O. 45. 1) im Zweifel schon vor dem Fälligkeitstermin erfüllen. B. G. B. § 271, Abs. 2. Nimmt man aber den Fall an, dass die Erfüllung dem Gläubiger zu Liebe hinausgeschoben ist, so liegt darin, dass er vor dem Termin schon das Geld vom Schuldner annimmt, auf Seite des Gläubigers ein Verzicht auf die Befristung der Leistung, auf der Seite des Schuldners aber wiederum Erfüllung, niemals blosse Sicherstellung.

Ist dagegen die Forderung zwar eine Geldforderung, aber eine bedingte oder eine zukünftige, oder besteht das Objekt der geschuldeten Leistung überhaupt nicht in Geld, so ist die Sicherstellung durch Barkaution in demselben Umfang zulässig und möglich, wie durch gewöhnliche Pfandbestellung.

§ 4.

Die Ausübung des aus der Sicherstellung fliessenden Rechts.

Bei der Erörterung der Frage, in welcher Weise der Kautionsempfänger sich für seine Forderungen aus der Kaution befriedige, ist es nötig die Bestimmungen heranzuziehen, die das Gesetzbuch für die Befriedigung des Gläubigers aus dem Pfande giebt. Hiebei ist nun zunächst die wichtige Vorfrage zu entscheiden: steht der Kautionsempfänger in dem Augenblick, da sein Pfandrecht zur Ausübung reif wird, dem Faustpfandgläubiger gleich, der sein Pfandobjekt bereits verwertet hat, oder dem, der es noch nicht verwertet hat?

Auf den ersten Blick möchte man sich für die erste Alternative entscheiden, und rein vom ökonomischen Standpunkt aus gesehen ist es ja zutreffend, dass der Kautionsempfänger sich von Anfang an in der Lage befindet, in die sich der Faustpfandgläubiger erst durch einen umständlichen Prozess versetzen muss [1]; erst wenn der Faustpfandgläubiger das Pfand versteigert und den Kaufpreis erlöst hat, hat er, wie dieser, eine Geldsumme in Händen, die er zur Befriedigung seiner Ansprüche verwenden kann.

Allein ob dieser Gesichtspunkt auch juristisch der richtige ist, ist eine andere Frage, zu deren Beantwortung eine Untersuchung darüber notwendig ist, welche Wirkungen die Verwertung des Pfandobjekts auf das persönliche Schuldverhältnis ausübt.

Das B. G. G. nun bestimmt in § 1247: „Soweit der Erlös aus dem Pfande dem Pfandgläubiger zu seiner Befriedigung gebührt, gilt die Forderung als vom Eigentümer berichtigt. Im übrigen tritt der Erlös an die Stelle des Pfandes". Diese Bestimmung normiert die Wirkungen, die dadurch eintreten, dass der Pfandgläubiger den Kaufpreis in Empfang nimmt. Zwar ist gerade dieser Zeitpunkt im Gesetz nicht ausdrücklich genannt; er muss aber aus folgenden Gründen als der massgebende angesehen werden. Die Tilgung der Forderung kann vernünftigerweise erst dann angenommen werden, wenn der Pfandgläubiger Eigentümer des Geldes geworden ist (zudem sagt das Gesetz: „soweit der Erlös dem Pfandgläubiger gebührt", d. h. die erlösten Geld-

---

[1]) Vgl. Kretschmar. Secum pensare, S. 111.

stücke, nicht etwa die blosse Forderung auf den Kaufpreis); für den Uebergang des Eigentums aber, sowie für die fernere Wirkung, dass der Gläubiger an dem Ueberschuss ein Pfandrecht erhält (Satz 2 des § 1247), ist der Empfang des Preises notwendig (§§ 929, 1205). Daraus folgt, dass die dingliche Wirkung des Eigentumsübergangs und die obligationenrechtliche Wirkung der Forderungstilgung in einen Akt, nämlich die Ergreifung des Besitzes am Kaufpreise zusammenfallen. Dies wird bestätigt durch die Regel des § 1238, Abs. 2, worin bestimmt wird, dass der Verkauf gegen Barzahlung stattzufinden habe, und wo es dann heisst: „Erfolgt der Verkauf ohne diese Bestimmung, so ist der Kaufpreis als von dem Pfandgläubiger empfangen anzusehen“. Das heisst also: Der Schuldner wird von jeder Verpflichtung gegenüber dem Pfandgläubiger frei in dem Augenblick, wo dieser den Kaufpreis empfängt; und wenn der Gläubiger nicht gegen Barzahlung verkauft, so tritt mit der Abschliessung des Verkaufs dieselbe Wirkung ein, wie wenn der Pfandgläubiger das Geld empfangen hätte, d. h. er kann sich nicht mehr an den Schuldner, sondern nur an den Ersteher des Pfandes halten. Das B. G. B. hat also die im gemeinen Recht von einigen Schriftstellern [1]) vertretene Ansicht, dass die Pfandforderung nicht schon mit der Perzeption des Pfanderlöses, sondern erst durch einen besonderen Willensakt des Gläubigers, eine Art von Kompensieren eintrete, nicht adoptiert.

Für uns ergiebt sich nun aus dieser Feststellung folgendes. Wenn der Pfandgläubiger in dem Augenblick, da er das Geld in die Hände bekommt, zugleich für seine Forderung befriedigt wird, so kann der

---

[1]) Vgl. Bremer, Pfandr. u. Pfandobjekte, S. 170 ff. Pfaff, a. a. O., S. 22 ff. Exner, Kritik, S. 46.

Kautionsempfänger in dem Zeitpunkt, wo sein Pfandrecht zur Ausübung reif wird, nicht dem Faustpfandgläubiger gleich stehen, der sein Pfandobjekt bereits in Geld umgesetzt hat. Denn daraus würde sich ergeben, dass die Forderungen des Kautionsempfängers in demselben Moment, wo sie entstehen oder fällig werden, auch ipso iure getilgt würden, dass also die Uebereignung der Kautionssumme eine Antizipativzahlung, ein Hingeben solvendi causa wäre [1]), eine Auffassung, die allerdings von Demelius vertreten wird [2]), die aber oben schon als unhaltbar zurückgewiesen worden ist.

In Wahrheit befindet sich also der Kautionsempfänger, wenn die Zeit für die Ausübung seines Pfandrechts gekommen ist, in der Lage eines Pfandgläubigers, der sein Pfandobjekt überhaupt noch nicht verwertet hat. Denn die Uebereignung des Geldes durch den Kautionsbesteller ist, wenn wir das reguläre Faustpfand zur Vergleichung heranziehen, nicht etwa mit der Perzeption des Pfanderlöses juristisch auf eine Stufe zu stellen, sondern mit der Verpfändung der Sache. Wie aber die blosse Verpfändung von Sachen die Pfandforderung noch nicht tilgt, keine Hingabe an Erfüllungsstatt ist, ebensowenig die Kautionsbestellung. Wie dort noch ein besonderer Akt nötig ist, um die Forderung zum Erlöschen zu bringen, nämlich der Pfandverkauf, so auch hier.

Im Pfandverkauf lassen sich zwei Momente unterscheiden: ein ökonomisches, nämlich die Umsetzung des Pfandobjektes in Geld, und ein juristisches, die

---

[1]) Kretschmar, Secum pensare, S. 113 oben.

[2]) Siehe oben S. 17, 20 f., Windscheid, Pand. § 226 a Anm. 2, scheint derselben Ansicht zu sein. Vgl. Kretschmar a. a. O.

Tilgung der Forderung des Gläubigers. Für die Barkaution kommt das ökonomische Moment nicht in Betracht, da hier die Umsetzung in Geld nicht nötig ist; wohl aber das juristische Moment. Was ist nun dessen Bedeutung und eigentliches Wesen?

In dem Pfandverkauf manifestiert sich der Wille des Pfandgläubigers, sich unabhängig vom Willen des Schuldners Befriedigung für seine Ansprüche zu verschaffen. (In diesem Sinne kann man wohl sagen, dass „hierin eine Art von Selbsthülfe verborgen sei“ [1]). Dieser Wille des Gläubigers ist das juristisch wesentliche bei der Befriedigung aus dem Pfande. Dass er gerade in der Form des Pfandverkaufs in die Erscheinung tritt, ist etwas unwesentliches und nur durch die Beschaffenheit des Pfandobjekts bedingtes; der Pfandverkauf ist nur die besondere Form, in der dieser Wille seinen Ausdruck findet.

Wenn nun auch bei der Barkaution diese Form, die etwas zufälliges ist, der Natur der Sache nach wegfällt, so wird dadurch doch der Willensakt des Gläubigers, seine Forderungen aus dem Pfande zu tilgen, nicht überflüssig, sondern zeigt sich nur in anderer Weise. Es liegt hier nahe, an den Fall zu denken, da Geld in specie verpfändet worden ist. Auch hier fällt die gewöhnliche Form der Befriedigung des Gläubigers aus dem Pfande der Natur der Sache nach weg. Hier eignet sich des Pfandgläubiger, wenn die Voraussetzungen des § 1228, Abs. 2, eingetreten sind, von der Geldsumme den zur Deckung seiner Forderung nötigen Geldbetrag an. Aber dies allein genügt noch nicht zur Tilgung der Forderung, denn von diesem Aneignungsakte erfährt der Pfandschuldner zunächst

[1]) Gesterding, Ausbeute von Nachforschungen, IV. S. 12. Pfaff a. a. O., S. 46.

gar nichts; es ist vielmehr zur Vermeidung der Rechtsunsicherheit notwendig, dass ihm, wie beim Pfandverkauf, so auch hier der Wille des Gläubigers, sich für seine Forderung zu befriegen, kundgemacht werde, mit anderen Worten, dass der Gläubiger ihm gegenüber erkläre, er wolle sich aus dem ihm verpfändeten Gelde befriedigen [1]. Es ist kein Zweifel, dass dieser Vorgang auf einer Stufe steht mit der Einnahme des Pfanderlöses, und dass er sich nur durch seine besondere Form von diesem unterscheidet.

Damit ist die Frage auch für die Barkaution schon entschieden. Nur fällt hier noch die Aneignung des Geldes weg, da der Gläubiger ja schon Eigentümer ist. Aber auch hier, und hier besonders, muss der Wille des Gläubigers, sich aus der Kaution zu befriedigen, in unzweideutiger Weise erkennbar werden, d. h. in einer Erklärung gegenüber dem Kautionsbesteller.

Die juristische Natur dieser Erklärung ist einfach zu bestimmen. Sie ist ein einseitiges „empfangsbedürftiges" Rechtsgeschäft. Einseitig: ihre Wirkung ist unabhängig von einer Annahme durch den Schuldner; sie ist wie der Pfandverkauf ein Akt des Gläubigers, durch den er sich selbstständig und abhängig vom Schuldner sein Recht verschafft, eine Art von Selbsthülfe (s. o.). Empfangsbedürftig: sie greift in die Rechtssphäre des Kautionsbestellers ein, und es genügt daher nicht, dass sie irgend jemand zur Kenntnis

---

[1]) So bestimmte auch in der That der erste Entw., der den Fall der regulären Geldverpfändung ausdrücklich normierte, in § 1168. Vgl. auch Motive zum § 1168 (Bd. III, S. 821 f.). Die 2. Kommission hat den § gestrichen, im wesentlichen deshalb, weil ein Bedürfnis zur besonderen Regelung nicht vorliege. Vgl. Komm.-Prot. S. 4212 ff.

kommt, sondern sie muss dem gegenüber abgegeben werden, dem gegenüber sie Wirkung haben soll.

Hierdurch gewinnt der Vorgang der Forderungstilgung bei der Barkaution grosse Aehnlichkeit mit der Aufrechnung. Diese Aehnlichkeit ist es auch, die zu den Konstruktionen von Pfaff, Exner und Hanausek geführt hat. In Wahrheit sind aber beide Fälle scharf von einander zu scheiden.

1. Vor allem fehlt die Gegenforderung des Kautionsbestellers. Denn wenn die Forderung, wegen deren der Gläubiger sich an die Kaution hält, nicht die einzige ist, für die Sicherheit geleistet worden ist, vielmehr die Kaution noch für andere künftig zu erwartende Verpflichtungen des Schuldners haftet, so ist das Pfandrechtsverhältnis noch nicht gelöst und demgemäss der Pfandgläubiger zur Rückgabe noch nicht verpflichtet. Nur scheinbar anders ist es, wenn mit der Befriedigung des Gläubigers das ganze Verhältnis sein Ende findet (also etwa, wenn die Kaution von vornherein nur für eine einzige Forderung gehaftet hat, oder wenn die Parteien die Abrechnung über die Ansprüche des Gläubigers bis zum Ende des Vertragsverhältnisses hinausgeschoben haben). Zwar rücken hier die zwei Momente, nämlich der Augenblick, in dem der Gläubiger Erfüllung begehrt, und der Moment, in dem der Schuldner die Kautionssumme zurückfordern kann, sehr dicht an einander; dennoch fallen sie nicht in einen zusammen. Der Gläubiger braucht ja immer erst zu restituieren, wenn er befriedigt ist; nur geschieht in diesem Falle die Befriedigung durch die Ausübung des Pfandrechts. Diese ist begrifflich früher zu denken, als die Rückgewährpflicht; die Rückgewährpflicht ist erst ihre Konsequenz. Dass sich auch in diesem Falle nicht zwei Forderungen

gleichzeitig gegenüberstehen, zeigt sich deutlich in dem Falle, wo die Ansprüche des Gläubigers den Betrag der Kautionssumme gerade decken oder gar überschreiten: eine Restitutionspflicht des Gläubigers kann hier gar nicht in Frage kommen.

Dies alles ist nicht bloss eine theoretische Erörterung, sondern hat auch praktische Konsequenzen, wie sich unten zeigen wird.

2. Ein zweiter wichtiger Unterschied der Befriedigung des Gläubigers aus der Barkaution von der Aufrechnung ist der, dass nur der Gläubiger, nicht auch der Schuldner berechtigt ist, die Tilgung der Forderungen aus der Barkaution zu bewirken [1]). Dies folgt aus der Natur der Befriedigungserklärung des Gläubigers; diese ist Ausübung des Pfandrechts, und im Pfandrechtsverhältnis hat der Gläubiger das Uebergewicht über den Schuldner, er kann nicht vom Schuldner gezwungen werden, sein Pfandrecht auszuüben, während bei der Aufrechnung beide Teile grundsätzlich gleich viel Recht haben, d. h. beide aufrechnen können (vgl. oben S. 25).

Für das bisherige gemeine Recht ergab sich daraus der weitere Unterschied von der Aufrechnung, dass der Schuldner, wenn er die fällig oder existent gewordene Schuld durch Zahlung getilgt hatte, nicht das gezahlte, wie bei der Kompensation, mit der condictio indebiti zurückfordern konnte [2]). Hanausek freilich von seiner

[1]) Pfaff, a. a. O., S. 48 f. Kretschmar, Sec. pens. S. 114. Dass die Fälle, in denen der Schuldner vom Gläubiger verlangen kann, dass er sich aus der Kaution befriedige, nur Ausnahmen bilden. wird, unten (S. 48 f.) gezeigt werden.

[2]) Der Unterschied fällt nach B. G. B. deshalb weg, weil die Aufrechnung keine Einrede begründet, sondern ein Rechtsgeschäft ist, das nur solange vorgenommen werden kann, als sich Forderung und Gegenforderung gegenüberstehen. B. G. B. § 813, Abs. 1, ist daher nicht anwendbar.

Auffassung der Kautionsbestellung als eines pactum de nominibus compensandis aus musste das Gegenteil annehmen [1]). Es dürfte aber auch unter der Herrschaft des gemeinen Rechts wohl nie vorgekommen sein, dass etwa ein Pächter, der seinen Pachtzinsposten pünktlich berichtigt hatte, ihn wieder herausverlangte, da er ja Kaution geleistet habe!

3. Der Gläubiger kann mit der Barkaution nur ganz bestimmte Forderungen tilgen, nämlich die, wofür sie bestellt worden ist [2]); andere Forderungen, z. B. eine Kaufgeldforderung, die der Verpächter gegen den Pächter erwirbt, bleiben von dem Verhältnis unberührt. Vor dem Zeitpunkt, in dem die Kautionssumme zurückgegeben werden muss, kann keine Partei einseitig von der anderen verlangen, dass die Kautionssumme auf eine solche Forderung angerechnet werde.

4. Endlich hat die Befriedigungserklärung des Kautionsempfängers nicht, wie die Aufrechnungserklärung, die Wirkung, dass die Forderungen als schon in dem Zeitpunkt ihres Entstehens oder Fälligwerdens getilgt angesehen werden. Mit andern Worten: Die Befriedigungserklärung hat nicht, wie die Aufrechnungserklärung (B. G. B. § 389) rückwirkende Kraft. Sie hat rein konstitutive Wirkung, während die Aufrechnungserklärung zwar auch eine konstitutive Erklärung ist, aber wie eine deklaratorische wirkt. Richtig bestimmte daher der erste Entwurf eines B. G. B. in § 1168, Abs. 2: „Die Befriedigung ist mit dem Zeitpunkt als bewirkt anzusehen, in welchem der Pfandgläubiger gegenüber dem Eigentümer [es handelt sich um Geld, das in specie verpfändet ist] erklärt, sich aus dem Gelde befriedigen zu wollen".

---

[1]) Hanausek, Uneigentl. Niessbrauch, S. 175.

[2]) Pfaff, S. 55 f. Kretschmar, S. 115.

Wenn diese Regel auch im B. G. B. fehlt, so gilt sie doch materiell auch nach jetzigem Recht; denn die Befriedigungserklärung des Gläubigers ist Ausübung seines Pfandrechts, also eine subdiäre Art der Befriedigung; normaler Weise kann der Gläubiger den Schuldner immer noch persönlich belangen, ohne dass dieser Zahlung verweigern könnte; wenn also der Gläubiger auf die persönliche Leistung des Schuldners verzichtet und sich an die Kaution hält, so tritt seine Befriedigung erst mit der Befriedigungserklärung und nur durch sie ein. Bei der Aufrechnung dagegen ist der Satz „ipso iure compensari" ein notwendiges Korrelat der Regel, dass jede Partei aufrechnen kann, und da diese letzte Regel bei der Barkaution nicht gilt, so hat auch die Befriedigungserklärung keine rückwirkende Kraft.

Dies alles gilt auch in dem Falle, der der gewöhnlichen Kompensation sehr ähnlich sieht (s. o. S. 42), nämlich wo mit der Befriedigung des Gläubigers das ganze Verhältnis sein Ende findet, und gerade wenn man sich bei diesem Falle vergegenwärtigt, dass die Befriedigungserklärung keine rückwirkende Kraft hat, zeigt sich deutlich der Unterschied dieses Falles von der Aufrechnung.

Aus dem bisher gesagten ergeben sich nun folgende praktischen Konsequenzen.

I. Solange das durch die Kaution gesicherte Verhältnis unter den Parteien dauert, kann der Gläubiger, sobald eine Forderung fällig wird oder entsteht, zunächst ohne Rücksicht auf die geleistete Kaution vom

Schuldner Zahlung verlangen [1]). Er braucht sich nicht direkt an die ihm geleistete Sicherheit zu halten, denn er hat so wenig wie jeder andere Pfandgläubiger das Recht verloren, seine Forderungen zunächst gegen den Schuldner persönlich geltend zu machen.

Dies sollte eigentlich ausser allem Streit sein. Dennoch wird verschiedentlich die entgegengesetzte Ansicht vertreten. Ueber Hanauseks „condictio indebiti" ist schon oben (S. 43 f.) gesprochen worden. Ebenso muss Demelius von der (durch nichts gerechtfertigten) theoretischen Auffassung aus, als sei die Bestellung einer Barkaution nicht Eröffnung eines subsidiären Befriedigungswegs, sondern direkte Antizipativdeckung dem Gläubiger die Befugnis absprechen, den Schuldner persönlich wegen seiner Verpflichtungen zu belangen. Demelius bleibt aber selber seiner Ansicht nicht treu, denn nach ihm kann der Schuldner, wenn auch die Forderung im Moment ihres Entstehens getilgt worden ist, dennoch nachträglich erfüllen. Er kann eine Verpflichtung erfüllen, die niemals bestanden hat (denn eine Forderung die in demselben Moment, wo sie entsteht, getilgt wird, hat niemals existiert)! Und wenn er zahlt, so hat das die Wirkung „dass die bereits gegebene Deckung frei wird" (S. 229, Anm. 157). Nein, nicht die Deckung wird frei, sondern die Kautionssumme wird ergänzt, so würde es die Konsequenz erfordern.

Auch der 1. Entwurf eines B. G. B., der im übrigen höchst brauchbare und praktische Sätze über das Geldpfandrecht aufstellt, ordnet in § 1168, Abs. 1 an: „Ist der Pfandgläubiger verpflichtet, das Geld in Zahlung anzunehmen, so erlangt der Eigentümer mit dem Eintritte jener Voraussetzungen [nämlich der Voraussetzungen des Pfandverkaufs, also mit der Fälligkeit der

[1]) Pfaff, S. 50, 54 f. Kretschmar, S. 113.

Forderung] die Befugnis, von dem Pfandgläubiger zu verlangen, dass er sich daraus befriedige". Und die zweite Kommission lehnte die Anträge, die auf Streichung dieser Bestimmung hinzielten, zunächst ab mit der Begründung [1]): „Im Verkehr wäre es durchaus unverständlich, wenn der Schuldner, von dem der Gläubiger 1000 Mk. in obligationsmässigem Gelde als Pfand besitze, während seine Schuld nur 100 Mk. betrage, von dem Gläubiger nicht sollte verlangen können, dass er sich wegen seiner Schuld befriedige und den Rest von 900 Mk. ihm zurückgewähre, der Schuldner vielmehr den Gläubiger in Annahmeverzug versetzen und andere 100 Mk. für ihn hinterlegen müsste, um das Pfandrecht zum Erlöschen zu bringen und alsdann die 1000 Mk. vom Gläubiger herausverlangen zu können". Kein Verständiger wird leugnen, dass in diesem speziellen Beispiel der Gläubiger keine besondere Zahlung verlangen kann; dies wäre ja reine Schikane. Aber die Kommission und alle, die derselben Ansicht sind, denken ganz einseitig an den Fall, wo die Kaution nur für einen einzigen Posten haftet, oder wo der Gläubiger dem Schuldner für alle Posten Stundung gewährt und beide erst mit der Auflösung des Obligationsverhältnisses mit einander abrechnen. Wie aber, wenn dies (was doch sehr häufig zutrifft) nicht der Fall ist? Wenn mehrere Forderungen hintereinander fällig werden und der Gläubiger dem Schuldner nicht bis zur Lösung des ganzen Verhältnisses Ausstand gewähren will? (Man denke z. B. an Pachtzinsraten, die alle Vierteljahr fällig werden!) Soll hier der Schuldner vom Gläubiger dennoch verlangen können, dass er sich aus der Kaution befriedige und ihn dadurch zwingen können, sich eine Verminderung seiner Realsicherheit gefallen

[1]) Prot. der 2. Komm., S. 4216.

zu lassen? Ganz richtig hatten in der 2. Kommission die Antragsteller, die die oben angeführte Bestimmung gestrichen haben wollten, ausgeführt:[1] „Der Pfandgläubiger könne ein Interesse haben, das verpfändete Geld nicht zu seiner Befriedigung wegen der Pfandforderung zu verwenden, weil er sich wegen dieser an einen Bürgen halten könne, sondern es zur Sicherheit für andere Forderungen, wegen deren er auch ein Pfand- oder Zurückbehaltungsrecht an dem Gelde habe, zu behalten.“ Dies ist freilich eine mehr vom legislatorischen Standpunkt aus gegebene Begründung, die aber dadurch an ihrer Triftigkeit nichts verliert.[2] Die juristische Begründung hat sich auf § 1204 des B. G. B. zu stützen, der nur eine Berechtigung des Pfandgläubigers, seine Befriedigung aus dem Pfande zu suchen, nicht auch eine Verpflichtung hierzu kennt.

Wie steht es nun aber in dem wiederholt erwähnten Falle, den die Gegner einseitig im Auge haben, wo nämlich mit der Befriedigung des Gläubigers das kautionsgesicherte Verhältnis sein Ende findet? (s. o. S. 47 das in dem Kommissionsprotokoll aufgeführte Beispiel.)

Es sind hier zwei Fälle zu unterscheiden.

1. Der Schuldner selbst hat die Kaution bestellt. Hier leuchtet sofort ein, dass der Gläubiger nicht nocheinmal Erfüllung verlangen kann, soweit er durch die Kautionssumme gedeckt ist, dass er vielmehr die Summe nach Abziehung der ihm geschuldeten Beträge herausgeben muss. Dies darf aber nicht als ein pfandrecht-

---

[1]) Vergl. Komm.-Prot. S. 4214.

[2]) Demelius stellt die ganz beweislose Behauptung auf, der Gläubiger habe an der obligationsmässigen Leistung des Schuldners kein weiteres Interesse. Vergl. hiergegen auch die Bemerkungen oben S. 20 u. 21.

licher Grundsatz aufgestellt werden, wie es der § 1168 des ersten Entwurfs thun wollte, sondern ist eine Folge des allgemeinen Prinzips: Dolo facit, qui petit quod redditurus est; zahlte der Schuldner, so könnte er doch sofort wieder den von der Kaution gedeckten Betrag zurückverlangen. Für das Recht des B. G. B. dürfte sich dieser Grundsatz aus dem sogenannten Schikaneparagraphen, dem § 226, ableiten lassen: der Gläubiger hat das Recht, vom Schuldner persönliche Erfüllung zu verlangen, noch nicht verloren; er kann es aber nicht ausüben, da diese Ausübung nur den Zweck haben könnte, dem Schuldner Schaden zuzufügen (beiläufig ein Fall, wo sich der vielgetadelte § 226 als praktisch brauchbar und heilsam erweist). Diese Regel setzt also den Grundsatz, dass der Gläubiger an sich nicht verpflichtet ist, sich an das Pfand zu halten, in diesem speziellen Falle ausser Anwendung.

2. Besondere Betrachtung erfordert der Fall, wo nicht der Schuldner, sondern ein anderer für ihn die Kaution bestellt hat. Hier kann jedenfalls der Schuldner nicht vom Gläubiger verlangen, dass er sich aus der Kaution befriedige. So bestimmte auch richtig der erste Entwurf, § 1168, Abs. 1: „. . . so erlangt der Eigentümer . . . . die Befugnis“ u. s. w. (Von der zweiten Kommission ist, wie das von ihr gewählte Beispiel ergiebt, dieser Fall ganz übersehen worden). Und dieses Resultat ist auch ganz angemessen; denn aus der Kautionsbestellung durch den Dritten erwirbt der Schuldner kein Recht darauf, dass der Gläubiger sich nur an die Kaution halte — es sei denn, dass die Parteien ausdrücklich etwas anderes vereinbart haben; eine stillschweigende derartige Vereinbarung wird man unter gewöhnlichen Verhältnissen nicht annehmen dürfen. Auch der Einwand aus B. G. B.

§ 226 trifft hier nicht zu, da die Kaution nicht dem Schuldner, sondern dem Dritten zurückzngewähren ist. Der Dritte kann ja auch ein Interesse daran haben, dass die Kaution nicht angegriffen oder noch weiter vermindert werde, z. B. weil der Gläubiger kapitalkräftiger ist, als der Schuldner, und er (der Kautionsbesteller) daher in seinem Rückerstattungsanspruch gegenüber dem Gläubiger eine sicherere Forderung hat, als in einem Ersatzanspruch gegen den Schuldner aus der Interzession.

Dagegen hat der Kautionsbesteller in diesem Falle, ebenso wie der im Falle zu 1., das Recht zu verlangen, dass der Gläubiger sich an die Kaution halte, und zwar aus folgenden Gründen: der § 1223, Abs. 2 des B. G. B. giebt dem Verpfänder das Recht, seinen Anspruch auf Rückgabe des Pfandes geltend zu machen, wenn er den Gläubiger befriedigt. Will er von diesem Rechte Gebrauch machen, so tritt dieselbe Situation ein wie im Falle 1., d. h. der Verpfänder braucht nicht erst wirkliche Befriedigung anzubieten, sondern er kann nach dem Grundsatze „Dolo facit, qui petit quod redditurus est“ verlangen, dass der Gläubiger ihm die Kaution nach Abziehung der noch ungetilgten Forderungen herausgebe. — —

Wenn es also richtig ist, dass abgesehen von den zuletzt behandelten Ausnahmefällen der Gläubiger vom Schuldner noch immer Erfüllung verlangen kann, so kann er selbstverständlich auch auf Leistung klagen und die Zwangsvollstreckung in das Vermögen des Schuldners betreiben. Die neue Zivilprozessordnung giebt nun aber in § 777 dem Schuldner das Recht, Einwendung gegen die Zwangsvollstreckung in sein Vermögen zu erheben, wenn der Gläubiger eine bewegliche Sache des Schuldners in Besitz hat, an der ihm ein Pfandrecht für die betreffende Forderung zusteht. Dies gilt auch für die Barkaution, und hier liegt wieder ein Fall vor, wo die Auffassung der Barkaution als eines Sachpfandes von Bedeutung ist. Es ist aber folgendes wohl zu beachten.

1. Die Einwendung aus Z. P. O. § 777 fällt nicht zusammen mit der Einwendung aus B. G. B. § 226 in den oben behandelten Fällen. Sie ist nur eine Einwendung gegen die Art und Weise der Zwangsvollstreckung und berührt das materielle Recht nicht, hat also auf den Bestand der Forderung keinen Einfluss. Der Schuldner kann also immer noch freiwillig erfüllen, der Gläubiger kann, wenn er von der Exekution absteht oder nach der Entscheidung des Vollstreckungsgerichts abstehen muss, die Forderung immer noch weiter übertragen, verpfänden, aufrechnen u. s. w.

2. Der Schuldner kann die Einwendung nicht erheben, wenn nicht er, sondern ein anderer für ihn die Kaution bestellt hat; denn der § 777 spricht nur von einer beweglichen Sache des Schuldners.[1]) Die legislatorische Erwägung bei der Abfassung des § 777 war also die, dass der Gläubiger das freie Vermögen des Schuldners nicht antasten solle, wenn er selbst noch Vermögen des Schuldners in Händen habe, über das dieser nicht frei verfügen kann, nicht aber soll der Schuldner verlangen können, dass der Gläubiger sich an Vermögensobjekte eines Dritten (Pfand- oder Kautionsbestellers) halte, wenn der Schuldner selbst noch Vermögen besitzt, in das die Zwangsvollstreckung betrieben werden kann.

---

[1]) Diese Regel ist also ganz analog dem oben unter 2. gefundenen Satze, dass die materielle Einwendung des Schuldners ausgeschlossen ist, wenn ein Dritter die Kaution bestellt hat.

3. Die Einwendung gegen die Zwangsvollstreckung ist ferner eingeschränkt durch den zweiten Satz des § 777: sie ist unzulässig, wenn das Pfand (die Kaution) noch für eine andere Forderung haftet und diese nicht durch den Wert des Pfandes völlig gedeckt ist. Dies wird nun gerade bei der Barkaution sehr häufig zutreffen, denn gerade sie pflegt ja, wie schon des öfteren erwähnt worden ist, weniger für einzelne Forderungen, als für einen ganzen Komplex von Ansprüchen bestellt zu werden, die dem Gläubiger gegen den Schuldner erwachsen können. Mögen nun auch diese künftigen Ansprüche in dem Zeitpunkt, wo der Gläubiger die Exekution in das Vermögen des Schuldners betreibt, nach Grund und Betrag noch völlig unbestimmt sein, so wird es doch zur Zurückweisung des Widerspruchs des Schuldners gegen die Zwangsvollstreckung genügen, wenn die Wahrscheinlichkeit oder auch nur die Möglichkeit vorliegt, dass sie einmal zur Existenz gelangen und in diesem Falle auch den Rest der Kaution übersteigen werden.

Wie der Gläubiger, trotzdem er die Kaution in Händen hat, in der Regel seinen Anspruch noch gegen den Schuldner persönlich geltend machen kann — zumal wenn der Anspruch nicht von vornherein auf eine Geldleistung geht — so kann auch der Schuldner Zahlung anbieten und dadurch die Verminderung der Sicherungssumme verhindern, ganz in derselben Weise, wie beim regulären Faustpfand der Schuldner durch freiwillige Erfüllung den Verkauf des Pfandes abwenden kann.

Denn wie in diesem letzten Falle der Schuldner ein grosses Interesse daran haben kann, dass die Sache ihm nicht verloren gehe, so kann auch dem Kautionsbesteller daran gelegen sein, dass die Kautionssumme nicht vermindert werde, z. B. wegen der Zinsen, die sie trägt, oder weil er seinen künftigen Rückforderungsanspruch im voraus abgetreten hat u. ä. m.

II. Die Befriedigungserklärung des Gläubigers ist (als empfangsbedürftige Willenserklärung; s. o. S. 41) dem Kautionsbesteller gegenüber abzugeben, nicht dem Schuldner als solchem gegenüber; denn sie greift in die Rechtssphäre dessen ein, der das Geld hergegeben hat. So bestimmte auch der 1. Entw. § 1168, Abs. 2: „Die Befriedigung ist mit dem Zeitpunkte als bewirkt anzusehen, in welchem der Pfandgläubiger gegenüber dem Eigentümer erklärt, sich aus dem Gelde befriedigen zu wollen". Für das B. G. B. folgt der Satz daraus, dass beim Pfandverkauf alle für diesen erforderlichen Erklärungen an den Eigentümer zu richten sind. Vgl. §§ 1234, 1237, 1241. Wichtig wird dies also, wenn nicht der Schuldner, sondern ein Dritter, der für ihn interzediert, die Kaution bestellt hat. Erklärt in einem solchen Falle der Gläubiger dem Schuldner gegenüber, dass er sich an die Kaution halte, so darbt diese Erklärung der Rechtswirksamkeit: die Kaution bleibt unangetastet, der Schuldner bleibt persönlich verpflichtet.

III. Damit die Befriedigungserklärung rechtswirksam sei, müssen ferner die Voraussetzungen vorhanden sein, die beim gewöhnlichen Faustpfande den Gläubiger zum Verkauf berechtigen. B. G. B., §§ 1243, 1228, Abs. 2.

Die Forderung muss also ganz oder zum Teil fällig sein. Verzug des Schuldners wird vom B. G. B. nicht erfordert. Vergl. § 1228 Abs. 2 in Verbindung mit

§§ 284, 285. Beim gewöhnlichen Pfandverkauf muss der Gläubiger dem Eigentümer den Verkauf vorher androhen § 1234. Für die Barkaution ergiebt sich daraus nicht etwa, dass die Androhung des Verkaufs sich hier in eine Mahnung verwandelt und der Gläubiger etwa erst nach Ablauf einer dem Schuldner gesetzten Frist mit Wirksamkeit erklären könnte, dass er sich an die Kaution halte. Denn beim Faustpfand tritt die Verkaufsberechtigung vor der Androhung des Verkaufs ein, ist sogar Voraussetzung der Rechtswirksamkeit dieser Androhung. Ihre Notwendigkeit folgt aus der besonderen Gestaltung der Befriedigung: es soll dem Schuldner noch einmal Gelegenheit gegeben werden, die Verpflichtung regelrecht zu erfüllen, um dadurch auch wieder dem Gläubiger den umständlichen Weg des Pfandverkaufs zu ersparen: Erwägungen, die bei der Barkaution nicht zutreffen. Mahnung und Androhung des Verkaufs sind eben, und das zeigt sich besonders deutlich in unserem Falle, juristisch wesentlich verschiedene Willenserklärungen. Dies ergiebt sich auch aus B. G. B. § 1282: bei der Forderungsverpfändung ist eine der Verkaufsandrohung entsprechende Erklärung nicht vorgeschrieben.

In dem besonderen Falle, wo die sichergestellte Forderung nicht von vornherein auf Geld geht, ist eine weitere Voraussetzung für die Rechtswirksamkeit der Befriedigungserklärung, dass die Forderung in eine Geldforderung übergegangen sei. B. G. B. § 1228, Abs. 2, Satz 2.

Liegen die Voraussetzungen des § 1228, Abs. 2 nicht vor, so ist die Erklärung des Kautionsbestellers, sich aus der Kautionssumme befriedigen zu wollen, ohne rechtliche Wirkung; vor allem bleibt die Kautionssumme unangetastet. B. G. B. § 1243, Abs. 1.

IV. Ist der Kautionsbesteller verpflichtet, die durch die Forderungen verminderte Kautionssumme zu ergänzen? Die Parteien werden dies häufig vereinbaren. Fehlt aber eine Abrede, so ist eine solche Verpflichtung des Kautionsbestellers nicht anzunehmen; denn der Verpfändungsvertrag giebt dem Gläubiger nur das Recht, das Pfand bis zur Höhe seines Wertes zur Befriedigung wegen seiner Pfandforderungen zu verwenden, nicht aber einen Anspruch auf Ersatz für eine Verminderung dieses Wertes, die durch die bestimmungsgemässe Verwendung des Pfandobjekts eingetreten ist. An eine analoge Anwendung des § 1218 des B. G. B., die sich auch nur durch eine sehr gezwungene Auslegung rechtfertigen liesse, ist vollends nicht zu denken.

V. Streitig ist, ob für die Barkaution das sogenannte Verbot der lex commissoria gelte, das im B. G. B. § 1229 in folgender Weise formuliert wird: „Eine vor dem Eintritte der Verkaufsberechtigung getroffene Vereinbarung, nach welcher dem Pfandgläubiger, falls er nicht oder nicht rechtzeitig befriedigt wird, das Eigentum an der Sache zufallen oder übertragen werden soll, ist nichtig". G. A. Leist [1]) behauptet, die Abmachung, es solle dem Gläubiger ohne Rücksicht auf die Höhe seiner Forderung die ganze Kaution verfallen sein, falls er nicht gehörig befriedigt werde, sei eine lex commissoria, und sei deswegen für ungültig zu halten. Allein eine solche Vereinbarung ist nicht als lex commissoria zu erklären [2]). Der Sinn des Verbots der lex commissoria und auch des § 1229 des B. G. B. ist doch offenbar der: es soll verhütet werden, dass der Kapitalkräftige den Kreditsuchenden

---

[1]) Die Sicherung von Forderungen durch Uebereignung von Mobilien (1889), S. 98.

[2]) Siehe auch Demelius, Pfandrecht S. 96 f., 233.

ausbeute. Die Gefahr einer solchen Ausbeutung liegt beim gewöhnlichen Faustpfand in folgendem: Der Schuldner braucht Geld; er hat aber nur sonstige Mobilien. Lässt sich nun der Gläubiger versprechen, dass bei Ausbleiben der Zahlung das Eigentum am Pfande auf ihn übergehen solle, so wird er dies deshalb thun, weil er weiss, dass der Wert der Sache den Betrag seiner Forderung übersteigt. Der Schuldner in seiner Zwangslage wird geneigt sein sich darauf einzulassen, auch wenn er sieht, dass er Schaden dabei leidet; denn auf andere Bedingungen will der Gläubiger nicht eingehen. Eine dem Betrag der Forderung entsprechende Realteilung der Sache ist in den allermeisten Fällen nicht möglich. Also muss der Schuldner auf die harte Bedingung eingehen. Oder er geht deshalb darauf ein, weil er den Wert der Sache viel niedriger anschlägt, als er in Wirklichkeit ist, z. B. aus mangelnder Fachkenntnis. In diesen Fällen liegt also eine unbillige Uebervorteilung des Schuldners vor, gegen die er sich schwer oder gar nicht schützen kann, wenn auch gerade die Merkmale des Wuchers nicht zutreffen. Das Pfandrecht soll aber gerade den Schuldner vor einer solchen Ausbeutung möglichst schützen, nämlich dadurch, dass bei der Befriedigung des Gläubigers aus dem Pfande so weit als möglich der objektive Wert des Pfandes zu Grunde gelegt werden soll (darum muss das Pfand versteigert oder zum Börsen- oder Marktpreis verkauft werden).

Alle diese Erwägungen treffen aber bei der Barkaution nicht zu. Der Schuldner ist hier nicht geldbedürftig; der Wert des Pfandes lässt sich in jeder beliebigen Höhe festsetzen; der Wert des Pfandes kann sich nicht verändern, sondern ist von vornherein zahlenmässig bestimmt; der Schuldner ist über den Wert des Pfandes nicht im ungewissen. Wenn hier also die Abrede getroffen wird, dass dem Gläubiger die ganze Summe verfallen sein solle, auch wenn die Forderung geringer ist, so hat diese Vereinbarung einen ganz anderen Sinn, als die lex commissoria, nämlich den Sinn einer Vertragsstrafe [1]). Eine derartige Abmachung ist also nicht als unwirksam anzusehen, sondern unterliegt nur denselben Beschränkungen wie die Vereinbarung einer Vertragsstrafe (B. G. B. § 343).

VI. Wenn bei der Ausübung des Pfandrechts die Pfandforderungen den Betrag oder den Restbetrag der Kaution übersteigen, so entsteht die Frage, wie sie auf die Kautionssumme anzurechnen seien. Diese Frage ist von grosser praktischer Bedeutung. Es kann sein, dass eine dieser Forderungen klaglos (z. B. verjährt) ist [2]), oder dass einzelne noch durch Bürgen oder Pfänder gesichert sind, andere nicht. Es kann ferner dem Gläubiger ausser dem Hauptanspruch noch ein Anspruch auf Zinsen und Kosten zustehen. Hier können also die Interessen des Gläubigers mit denen des Schuldners in Konflikt kommen.

Das B. G. B. nun sagt in § 1210, dass das Pfand auch für Zinsen, Konventionalstrafen, Kosten u. ä. hafte, bestimmt aber nichts darüber, wie in einem solchen Falle, sowie in dem Fall, wo mehrere Hauptforderungen nebeneinander bestehen, der Pfanderlös auf die Forderungen angerechnet werden solle, falls er die Forderungen nicht völlig deckt. Es müssen demgemäss hier dieselben Regeln gelten, wie bei ordnungsmässiger Erfüllung durch den Schuldner. Nur wird man das Recht,

---

[1]) Vgl. Demelius, S. 96.

[2]) Vgl. l. 73 D. de solut. (46. 3) und die Erörterung bei Dernburg, Pfandrecht, II S. 214 ff.

den Tilgungsmodus bindend zu bestimmen, nicht dem Schuldner (wie in B. G. B. § 366, Abs. 1), sondern dem Gläubiger zugestehen müssen; denn während es bei der freiwilligen Erfüllung natürlich ist, dass der Schuldner selbst bestimmen könne, welchen Inhalt und welche Wirkung die von ihm ausgehende Willenserklärung haben solle, entspricht es bei der Ausübung des Pfandrechts, bei der ja der Gläubiger sich selbst seine Befriedigung verschafft, der Sachlage, dass er und nicht der Schuldner das Bestimmungsrecht habe. Diesen Grundsatz hat die römische Jurisprudenz in richtiger Würdigung des Unterschieds zwischen freiwilliger Erfüllung und Befriedigung durch Pfandverkauf aufgestellt [1]). — Versäumt der Gläubiger eine solche Bestimmung zu treffen, so treten die Regeln der §§ 366 und 367 ein.

VII. Wenn der Gläubiger eine der durch die Kaution gesicherten Forderungen auf einen anderen überträgt, so haftet dem neuen Gläubiger auch die Kaution. B. G. B. §§ 401, Abs. 1, und 1250 Abs. 1 [2]). Wenn daher der Zessionar vom Schuldner keine Zahlung erlangen kann, so kann er sich aus der Kaution befriedigen. Bei den besonderen Eigentümlichkeiten unseres Falles gestaltet sich dies auch in besonderer Weise. Der Zessionar kann seinen Anspruch auf Befriedigung aus der Kaution nur durch eine Klage gegen den Zedenten geltend machen. Diese Klage geht auf Zahlung des Betrags, auf den der Zessionar gegen den Schuldner Anspruch hat, aber mit einer Einschränkung: Der Kautionsempfänger kann nur soweit in Anspruch ge-

---

[1]) Vgl. l. 73 D. de solut (46. 3) und die Erörterung bei Dernburg, Pfandrecht, II. S. 214 ff.

[2]) Vgl. auch den Rechtsfall in Seufferts Archiv, Bd. IV, Nr. 238.

nommen werden, als die Kautionssumme reicht; hierdurch unterscheidet er sich vom Bürgen, denn dieser haftet für die Erfüllung mit seinem ganzen Vermögen. Soweit die Barkaution die Forderung nicht deckt, behält natürlich der neue Gläubiger seinen Anspruch gegen den Schuldner. Zahlt der Zedent dem Zessionar den Betrag seiner Forderung aus, so geht das gezahlte von der Kautionssumme ab.

Wenn bei einer Grundstücksmiete oder Grundstückspacht der Mieter oder Pächter Kaution geleistet hat und bei der Veräusserung des Grundstücks der Erwerber gemäss B. G. B. § 571 an die Stelle des Vermieters oder Verpächters tritt, so erwirbt er auch die Rechte aus der Kautionsbestellung. B. G. B. §§ 572, 581, Abs. 2. Daraus ergiebt sich, dass er vom Veräusserer die Herausgabe der Kaution verlangen kann. Dieser kann sich aber wegen seiner fälligen Forderungen aus dem Miet- oder Pachtverhältnis (nicht aber wegen anderer Forderungen!) noch aus der Kaution befriedigen [1]. Sind diese Forderungen noch nicht fällig oder noch unbestimmt, so kann er einen entsprechenden angemessenen Betrag der Kaution zurückbehalten; jedoch muss er, soweit der Schuldner später rechtzeitig erfüllt, den zurückbehaltenen Rest dem Erwerber des Grundstücks ebenfalls aushändigen. — An sich nun kann dem Erwerber dadurch, dass er in die Rechte aus der Sicherheitsleistung eintritt, keine Verpflichtung zur Rückerstattung der Kaution dem Kautionsbesteller gegenüber erwachsen; der frühere Vermieter oder Verpächter bleibt vielmehr zunächst nach wie vor in dem durch die Kautionsbestellung begründeten Rechtsverhältnisse Vertragsgegner des Bestellers. Wenn jedoch der Ver-

[1]) Vgl. Planck, Kommentar, zu § 572.

äusserer dem Erwerber die Kaution aushändigt, oder wenn der Erwerber ihm gegenüber die Verpflichtung zur Rückerstattung der Kaution übernimmt, so tritt er dadurch in das Pfandrechtsverhältnis ein und hat daher bei der Lösung des Miet- oder Pachtverhältnisses die Kaution dem Besteller zurückzugewähren. B. G. B. § 572, Satz 2.

Dieselben Regeln gelten, wenn der Erwerber das Grundstück weiter veräussert, sowie für den Fall, dass der Niessbraucher eines Grundstücks dieses über die Dauer des Niessbrauchs hinaus vermietet oder verpachtet. B. G. B. §§ 579, 1056.

§ 5.

Die Beendigung des Rechtsverhältnisses.

I. Beendigungsgründe.

1. Das Rechtsverhältnis endigt vor allem dann, wenn der Gläubiger sich aus der Kautionssumme befriedigt und diese dadurch völlig erschöpft.

2. Es endigt ferner, sowie das durch die Kaution gesicherte — rechtliche oder thatsächliche — Verhältnis aufhört, ohne dass dem Kautionsempfänger noch Ansprüche aus diesem Verhältnis gegen den Schuldner zustehen. Sind dagegen in dem genannten Zeitpunkte noch solche Ansprüche vorhanden, so findet das Pfand-

rechtsverhältnis erst dadurch sein Ende, dass der Gläubiger dem Kautionsbesteller erklärt, sich aus der Kaution befriedigen zu wollen (Vgl. oben S. 42), oder was dem gleich steht, die Kaution nach Abzug der noch übrigen Forderungen zurückgiebt; ferner, wenn der Kautionsbesteller, wozu er ja in diesem Falle berechtigt ist (Vgl. oben S. 48 ff.), vom Gläubiger verlangt, dass er sich aus der Kaution befriedige und endlich (in dem Falle, wo Schuldner und Kautionsbesteller verschiedene Personen sind), wenn der Schuldner erfüllt. B. G. B. § 1252.

3. Das Rechtsverhältnis wird auch aufgehoben durch einseitigen Verzicht des Gläubigers auf sein Pfandrecht. B. G. B. § 1255.

4. Giebt der Gläubiger die Kaution zurück, ehe er für die Pfandforderung befriedigt ist oder ehe das Verhältnis, für dessen Dauer sie bestellt war, beendigt ist, so erlischt sein Pfandrecht gleichfalls. B. G. B. § 1253, Abs. 1.

5. Tritt der Gläubiger die Pfandforderung einem anderen ab mit der Abmachung, dass das Pfandrecht nicht mit übergehen solle, so erlischt es dadurch. B. G. B. § 1250, Abs. 2. Dies tritt aber dann nicht ein, wenn die Kaution noch für andere Forderungen haftet.

6. Verjährt die Pfandforderung, so verliert der Gläubiger dadurch nicht das Recht sich wegen ihrer an die Kaution zu halten. B. G. B. § 223, Abs. 1. Dies gilt aber nicht bei Ansprüchen auf Rückstände von Zinsen und anderen wiederkehrenden Leistungen. B. G. B. § 223, Abs. 3. Auch hierin zeigt sich ein bedeutsamer Unterschied der Befriedigung aus der Kaution von der Aufrechnung (vgl. B. G. B. § 390).

7. Ein Beendigungsgrund des regelmässigen Faust-

pfandrechts fällt bei der Barkaution weg: der Untergang des Pfandobjekts. Das Pfandobjekt ist die Geldsumme, die der Kautionsbesteller dem Gläubiger übereignet. Mit dem Eigentum geht aber auch die Gefahr des Verlustes auf den Gläubiger über [1]).

II. Folgen der Beendigung.

Wenn bei der Beendigung des Pfandrechtsverhältnisses noch ungetilgte Forderungen bestehen, weil die Barkaution für ihre Deckung nicht mehr ausreicht, so kann der Gläubiger diese selbstverständlich nur noch durch persönliche Klage geltend machen. Bleibt aber ein Ueberschuss der Kautionssumme über die getilgten Forderungen, oder ist die Summe überhaupt intakt, weil dem Gläubiger überhaupt keine Ansprüche entstanden oder weil die entstandenen anderweit getilgt worden sind, so erwächst dem Kautionsbesteller jetzt ein Anspruch auf Herausgabe des Ueberschusses (oder der ganzen Summe). B. G. B. § 1223.

[1]) Dernburg, Pandekten I § 272 a. E.

§ 6.

Wirkungen des Konkurses einer Partei.

I. Konkurs des Kautionsbestellers.

1. Fall. Der Schuldner selbst hat die Kaution bestellt.

Wenn in diesem Falle das Verhältnis, für dessen Dauer die Kaution bestellt war, schon gelöst ist, der Gläubiger aber wegen seiner Forderungen weder durch den Schuldner persönlich noch aus der Kaution befriedigt ist, so kann der Gläubiger aus der Kaution abgesonderte Befriedigung verlangen, d. h. er braucht zur Konkursmasse von der Kaution nur das zu zahlen, was nach Abzug seiner Pfandforderungen übrig bleibt. K. O. § 48. Es kann aber ferner der Konkursverwalter vom Gläubiger verlangen, dass er sich an die Kaution halte. Und zwar folgt diese Regel hier nicht aus den Grundsätzen des bürgerlichen Rechts, wie ausserhalb des Konkurses (s. o. S. 48 ff.), sondern speziell aus dem Konkursrecht, und zwar aus K. O. § 127; denn da die Kaution ein Pfand ist, aus dem der Gläubiger sich abgesondert befriedigen kann, so kann der Verwalter „die Verwertung" dieses Gegenstandes „nach Massgabe der Vorschriften über den Pfandverkauf d. h. also in unserem Falle nach Massgabe der Vorschriften über die Verwertung der Barkaution betreiben.

Von dem, was der Gläubiger hiernach zur Konkursmasse zu zahlen hat, kann er wieder kraft seiner

Berechtigung zur Aufrechnung (K. O. § 53 ff.) die ihm zustehenden nicht versicherten Forderungen abziehen. Einen Verlust im Konkurse des Schuldners kann er nur erleiden, wenn seine Forderungen die Kaution übersteigen [1]).

Ist dagegen im Moment der Konkurseröffnung das Verhältnis zwischen Gläubiger und Schuldner noch nicht gelöst, so hat der Gläubiger vorderhand zur Masse nichts zu zahlen, da ja eine Rückgewährpflicht für ihn erst mit der Lösung des Verhältnisses entstehen kann. Er kann sich wegen seiner Pfandforderungen nach wie vor an die Barkaution halten.

Der Konkurs kann nun aber Anlass geben zur Lösung des Verhältnisses. So kann z. B., wenn der Schuldner als Mieter oder als Pächter die Kaution bestellt hatte, sowohl der Gläubiger als der Konkursverwalter kündigen. K. O. § 19. Auch hierdurch wird die Forderung des Schuldners auf Rückgabe der Barkaution nicht immer sofort existent, denn auch das Miet- oder Pachtverhältnis muss, wenn eine Vereinbarung fehlt, bis zum nächsten vertragsmässigen oder gesetzlichen Termine ausgehalten werden. Was unterdessen dem Gläubiger noch an versicherten Forderungen erwächst, kann er aus der Kautionssumme tilgen, insbesondere also einen etwaigen Entschädigungsanspruch wegen vorzeitiger Kündigung. Ebenso kann er bei der Rückzahlung des Restes sein Aufrechnungsrecht für nicht versicherte Forderungen geltend machen; dies auch dann, wenn diese Forderungen Masseschulden sind. K. O. §§ 55, 59.

---

[1]) Kretschmar, Secum pensare, S. 115.

II. Konkurs des Gläubigers.

1. Der Schuldner selbst hat die Kaution bestellt.

Der Anspruch des Kautionsbestellers auf Rückgabe der Kaution ist stets eine blosse Konkursforderung, kein Aussonderungsanspruch, da die Kaution ja dem Gemeinschuldner gehört.

Wenn demnach zur Zeit der Konkurseröffnung der Gläubiger (und jetzige Gemeinschuldner) schon zur Rückgabe verpflichtet ist, so kann der Schuldner die Forderung auf Rückgabe als Konkursforderung anmelden; schuldet er noch etwas, so kann er verlangen, dass dies auf die Kautionssumme angerechnet werde (da ja das Verhältnis bereits gelöst ist; s. o. S. 48 ff.), braucht also insoweit nichts zur Masse zu zahlen. Daneben hat er wegen anderer Forderungen sein gewöhnliches Aufrechnungsrecht.

Wenn dagegen zur Zeit der Konkurseröffnung das Verhältnis, für dessen Dauer die Kaution haftet, noch nicht beendigt ist, so kann der Schuldner auch keinen Rückgewähranspruch zur Konkursmasse anmelden, da ein solcher Anspruch überhaupt noch nicht existent ist. Jedoch ist folgendes hier hervorzuheben.

a. War die Kaution für eine bedingte Forderung von bestimmtem Betrage bestellt worden, so hat der Schuldner unter der Voraussetzung, dass die Bedingung ausfällt, einen Anspruch auf Rückgabe; d. h. er hat schon zur Zeit der Konkurseröffnung eine bedingte Forderung gegen den Kautionsempfänger auf Herausgabe der Summe, nur dass diese Bedingung auf das entgegengesetzte Ereignis gestellt ist, wie die Bedingung, von der der sichergestellte Anspruch des Gläubigers abhängt. Der Schuldner kann demnach eine bedingte Forderung auf Rückgewähr der Kaution im Konkurse anmelden und demgemäss nach § 67 der K. O. Sicherstellung verlangen.

b. Der Konkurs kann, wie oben schon bemerkt, Anlass zur Lösung des durch die Kaution gesicherten Verhältnisses geben. Das typische und wichtigste Beispiel ist hier wieder der Pachtvertrag. Nimmt man nun an, der Pächter habe beim Ausbruch des Konkurses über den Verpächter noch Verpflichtungen aus dem Pachtverhältnis zu erfüllen, so ergiebt sich die harte Konsequenz, dass der Pächter seine Schulden voll an die Konkursmasse zahlen muss, während er nur eine Konkursforderung auf Rückgabe der Kaution hat, die erst später, mit dem Termin der Auflösung des Pachtverhältnisses existent wird, die er also erst von da an anmelden kann [1]). Dieses Resultat ist offenbar unbillig. Dernburg (a. a. O.) sucht dem Pächter mit einer exceptio non adimpleti contractus zu helfen, „die sich zu einer Kompensationseinrede gestalten" werde. Für das Recht der K. O. wird wohl folgender Weg der gangbarste sein.

Da die baldige Lösung des Pachtverhältnisses in Aussicht steht, so wird man dem Pächter das Recht zugestehen müssen, seine Forderung auf Herausgabe der Pachtkaution so anzumelden, als wäre sie bloss betagt. Denn es wäre unbillig, wollte man ihn nicht von Anfang an am Konkurse teilnehmen lassen und die Kaution, die vielleicht den Betrag der ihm möglicherweise noch erwachsenden Verpflichtungen um ein beträchtliches übersteigt, unter die anderen Konkurs-

[1]) Vgl. Dernburg, Kompensation (2. Aufl.) S. 438.

gläubiger verteilen. Folgendes Beispiel möge die Sache veranschaulichen. Ein Pächter hat eine Kaution von 3000 Mk. bestellt; nun bricht der Konkurs über den Verpächter aus und der Verwalter kündigt zum nächsten Ziel. Der Pächter bleibt dann noch drei Monate im Besitz des Grundstücks. Es können ihm hieraus Verpflichtungen höchstens im Betrage von 200—300 Mk. erwachsen. Soll nun wegen dieser 300 Mk. der Konkursverwalter die 3000 Mk. noch zurückbehalten können, wobei doch noch immer vorausgesetzt werden müsste, dass der Pächter seinen etwaigen Verpflichtungen nicht nachkommen könne oder wolle? Man wird also dem Pächter in einem solchen Falle das Recht zugestehen müssen, seine Forderung auf Rückgabe der Barkaution sogleich anzumelden, etwa gegen genügende Sicherheitsleistung. Dann kann er aber auch verlangen, dass der Konkursverwalter sich wegen der noch ungetilgten Pfandforderungen an die Kaution halte; ebenso kann er andere Verpflichtungen gegen seine Konkursforderung aufrechnen.

Nach Dernburg [1]) und einer Entscheidung des königlichen Obertribunals [2]) kann der Pächter die Pachtzinsraten, die er nach der Konkurseröffnung schuldig wird, nicht aus der Kaution tilgen; denn da vom Moment der Konkurseröffnung die Masse den Kontrakt aushalte, so würden die Pachtzinsschulden Masseforderungen, und diese könne man nicht gegen Konkursforderungen aufrechnen. Dies wäre (auch nach der deutschen K. O.) richtig, wenn die Tilgung der sichergestellten Forderungen aus der Barkaution eine wahre Aufrechnung (Kompensation) wäre. Dies ist aber, wie

[1]) Kompensation S. 438.

[2]) Entscheidungen des königl. Obertribunals, Bd. 61, S. 409 ff.

oben (S. 42 ff. gezeigt worden ist, nicht der Fall, folglich ist auch § 55, Z. 1, der K. O. hier nicht anwendbar. Richtig ist die von Dernburg vertretene Auffassung nur für solche von der Masse gegen den Pächter erworbene Forderungen, für die die Kaution nicht haftet.

c. Wenn es zur Zeit der Eröffnung des Konkurses noch ungewiss ist, wann das kautionsgesicherte Verhältniss sein Ende finden wird (abgesehen von dem unter 1. behandelten Fall der bedingten Forderung), so wird man dem Schuldner das Recht zugestehen müssen, für die Rückgabe der Kaution Sicherheit zu verlangen, d. h. seine Forderung als bedingte Forderung anzumelden (K. O. § 66 f.). Freilich ist im strengen, eigentlichen Sinne diese Forderung keine bedingte, sondern sie ist von einer condicio iuris abhängig (s. o. S. 25 f.), allein unter den § 66 der K. O. fallen nicht nur die im engeren Sinne aufschiebend bedingten Forderungen, sondern alle deren Eintritt und Umfang von einem zukünftigen ungewissen Ereignis abhängt, z. B. künftig mögliche Regressansprüche von Bürgen und Mitschuldnern [1]). Kommt freilich das kautionsgesicherte Verhältnis vor Beendigung des Konkurses nicht zur Lösung, so fliessen die zurückbehaltenen Beträge (K. O. § 154, Abs. 1, § 168, Z. 2) zur Konkursmasse zurück (K. O. § 154, Abs. 2, § 156).

2. Ein anderer hat für den Schuldner die Kaution bestellt.

Wenn in diesem Falle zur Zeit der Konkurseröffnung bereits das Verhältnis beendigt ist, für dessen Dauer die Kaution bestellt war, der Kautionsempfänger aber noch eine oder einige ungetilgte Pfandforderungen

---

[1]) Vgl. Mot. zum 2. Entw. einer K. O., S. 282 ff.

an den Schuldner hat, so kann der Konkursverwalter diese Forderungen gegen den Schuldner persönlich geltend machen. Der Kautionsbesteller kann dann aber seinen Anspruch auf Rückgabe der Kaution ohne Abzug dieser Pfandforderungen geltend machen. Er kann aber auch, wie ausserhalb des Konkurses, vom Verwalter verlangen, dass er sich wegen dieser Forderungen an die Kaution halte, ebenso wie der Verwalter die Kaution zur Tilgung dieser Ferderungen verwenden kann.

Im übrigen gelten dieselben Grundsätze, wie wenn der Schuldner selbst die Kaution bestellt hätte.

Strassburg. — Buchdruckerei C. & J. Goeller, Magdalenengasse 20.

FSC
www.fsc.org
MIX
Papier | Fördert
gute Waldnutzung
FSC® C083411

Kolibri 360 GmbH
Ferdinand-Jühlke-Straße 7
99095 Erfurt, Deutschland
produktsicherheit@kolibri360.de